养殖致富攻略·疑难问题精解

高效养蜂

GAOXIAO YANGFENG
200 WEN

200问

张中印 胥保华 吴黎明 等 编著

U0238556

中国农业出版社
北京

本书有关用药的声明

编 著 者

张中印　胥保华　吴黎明

陈大福　曹志龙

前言 FOREWORD

在农业部《全国养蜂业"十二五"发展规划》和《关于加快蜜蜂授粉技术推广，促进养蜂业持续健康发展的意见》，以及国家现代农业（蜂）产业技术体系专项建设持续推动下，经过广大科技人员的不懈努力，目前蜜蜂存栏量达到1 000多万群，蜂业产值超过200亿元，蜜蜂授粉增加产值达到3 041亿元。2016年农业部出台《全国畜禽遗传资源保护和利用"十三五"规划》，2018年《农业农村部、财政部关于做好2018年农业生产发展等项目实施工作的通知》，在全国各地掀起养蜂扶贫热潮，地方政府将养蜂纳入发展管理规划、划定蜜蜂保护区，职能部门加大养蜂技术培训，跨行业实施作物病虫害绿色防控以保护蜜蜂等，蜂产品市场得到进一步挖掘，至此，我国养蜂业得到空前发展。

在此新形势下，养蜂生产中的各种新技术不断涌现，新问题逐渐暴露出来。针对蜂群弱、病害多、产量低、质量差、效益低等问题，以及近些年来自然灾害、环境变化和现代农业对养蜂业产生的不利因素，编著者在总结科学研究成果和中试示范的基础上，参考国内外业界同仁的一些技术资料，对养蜂生产中常见和新出问题进行简便、准确地解答，将最新养蜂技术、成功经验汇集成册，呈现给一线的技术推广者和应用者。其宗旨在于提高蜂产品质量安全水平，推进养蜂产业扶贫，促进农业增效和农民增收，实现"十三五"养蜂业的持续、稳定和健康发展。

　　本书是《养殖致富攻略·疑难问题精解》精品图书之一，由河南科技学院、山东农业大学、中国农业科学院蜜蜂研究所、福建农林大学和河南省浚县种蜂场等单位共同组织编写，得到了国家现代农业蜂产业技术体系等专项经费的支持。在撰写和出版过程中，得到了各编著者单位领导、国家现代蜂产业技术体系首席科学家吴杰及各个综合试验站的大力支持，在此致以衷心的感谢。另外，编写过程中，也参考了相关作者的资料，一并致以谢意。限于学识水平和实践经验，书中错误和欠妥之处在所难免，恳请读者批评指正，以便日臻完善。

编著者

2019 年 10 月 8 日

目录
CONTENTS

三、养蜂生产

一、养蜂基础

1 **什么是蜜蜂？**

　　蜜蜂是膜翅目、蜜蜂科会飞行、能酿蜜的社会性昆虫，也是人类饲养的小型经济动物，它们以群（箱、桶、笼、窝、窖）为单位过着社会性生活（图1）。

图 1 蜂　群

2 **为什么要养蜂？**

　　饲养蜜蜂，可用于生产蜂蜜、蜂蜡、蜂王浆和蜂毒等产品，还可用于为作物授粉，增加产量、提高品质。

3 蜂群有哪些成员？

蜂群是蜜蜂个体生命以蜂巢为载体结成相互依存的完整的集体生命，为蜜蜂自然生活和蜂场饲养管理的基本单位。一个蜂群通常由1只蜂王、数百只雄蜂和数千只乃至数万只工蜂组成（图2）。

图2　蜜蜂的一家
（朱志强　摄）

（1）蜂王　是由受精卵发育形成的生殖器官完全的雌性蜂，具二倍染色体，在蜂群中专司产卵，是蜜蜂种性的载体，以其分泌蜂王物质的多少和产卵数量的大小来控制蜂群。

（2）工蜂　是由受精卵发育而来的生殖器官不完全的雌性蜂，具二倍染色体，有适应巢内外工作的器官。工蜂是蜂群中个体最小、数量最多的蜜蜂，在繁殖季节，一个强群可拥有5万～6万只工蜂，它们担负着蜂群内外的主要工作，正常情况下不产卵。

（3）雄蜂　是由未受精卵发育长成的雄性蜂，具单倍染色体。雄蜂在蜂群中的职能是寻求处女蜂王交配和平衡性比关系，并承载着母亲蜂王的遗传特性。它是季节性蜜蜂，只有在蜂群繁殖季节才出现。

4 三型蜂是何关系？

一个蜂群中，蜂王、工蜂和雄蜂俗称三型蜂。

蜂王是一群之母，一群蜂中的所有个体都是它的儿女，没有蜂王，蜂群就会消亡；但蜂王不哺育后代，也不采集食物，脱离工蜂，它就无法生存。工蜂承担着巢内外的一切劳动，但它们不传宗接代。没有雄蜂，处女蜂王就不能交配，蜂群也不能继续繁殖，但雄蜂除了与处女蜂王交配外，不能自食其力，如果脱离了蜂群，很快就会死亡。因此，蜂群是一个集体生命整体，三型蜂彼此分工协作，共同完成生命延续活动。

蜂群中所有的雄蜂都是亲兄弟，它们继承了蜂王的遗传特性。由于蜂王在婚飞时需要与多只雄蜂交配，因此，蜂群中的工蜂既有同母同父姐妹，又有同母异父姐妹，它们分别继承了蜂王与各自父亲的遗传特性。

5 蜜蜂吃什么？

食物是蜜蜂生存的基本条件之一，蜜蜂专以蜂蜜和蜂粮为食（图3），分别由花蜜和花粉转化形成，它们来源于蜜粉源植物。蜂蜜为蜜蜂生命活动提供能量，蜂粮为蜜蜂生长发育提供蛋白质。另外，蜂乳（蜂王浆）是蜜蜂幼虫和蜂王

图3　蜂蜜和蜂粮

必不可少的食物，水是生命活动的物质。西方蜜蜂还采集蜂胶来抑制微生物。

6 蜜蜂啥模样？

蜜蜂是完全变态昆虫，一生经过卵、幼虫、蛹和成虫四个不同的发育阶段，其形状和生活各不相同（图4）。蜜蜂的卵、幼虫和蛹生活在蜂巢中，平时不被人发现；我们平时看到的是工蜂成虫。

（1）卵　蜜蜂的卵为乳白色、略透明、呈香蕉状，两端钝圆，一端稍粗是头部，朝向房口；另一端稍细是腹末，附着在巢房底部。卵成熟孵化出幼虫。

（2）幼虫　蜜蜂的幼虫初为淡青色、新月形，不具足，平卧房底，漂浮在蜂乳饲料上；随着生长，由新月形渐成C形，再呈环状，白色晶亮，后长大挺直，有一个小头和13个分节的体躯，头

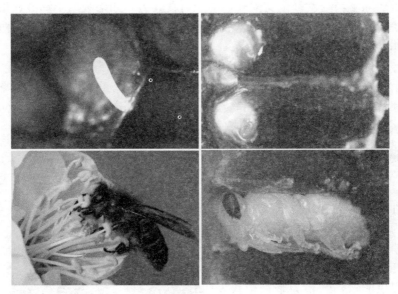

图4　蜜蜂个体生长发育的四个虫态

外尾里朝向房口发展。幼虫成熟化蛹，由工蜂泌蜡提前将其巢房口封闭。

（3）蛹　蜜蜂的蛹不取食，组织和器官继续分化和改造，逐渐形成成虫的形状和各种器官。蛹成熟羽化出房即为成虫。

（4）成虫　蜜蜂的成虫初期需经过多天的再次发育，体内器官渐次完整，依次担负其能够完成的工作。

蜜蜂成虫的身体分为头、胸、腹三部分，由多个体节构成。蜜蜂的体表是一层几丁质外骨骼，构成体型，支撑和保护内脏器官。外骨骼表面密被绒毛，有保温护体作用。绒毛有些是空心的，成为感觉器官；有些呈羽状分枝，能黏附花粉粒，成为采集花粉的工具之一。

 蜜蜂个体如何生长？

正常情况下，蜂王产下的卵经过3天孵化出小幼虫。意蜂蜂王、工蜂、雄蜂幼虫分别经过 5 天、6 天、7 天的生长后，巢房被蜡封闭，幼虫在封闭的巢房里静静地化蛹，再分别经过 8 天、12 天和 14 天的组织分化后，分别羽化出蜂王、工蜂和雄蜂，长成成虫，以后分别从事各自的工作，直到死亡。中蜂蜂王与意蜂蜂王的生长发育时间一样；工蜂和雄蜂的卵孵化、幼虫生长与意蜂相同，封盖子期分别比意蜂少 1 天。

8 蜜蜂蜂群如何长大？

蜂群是靠蜜蜂个体数量的增加而长大的。在同一个地区，每个蜂群都受气候和蜜源的影响，一年四季处在繁盛—衰弱—繁盛—衰弱这样一个周而复始的动态平衡中，生生世世，永续生存。在我国大部分地区，1 月前后已有花开，3～10 月蜜源丰富，蜂群繁荣昌盛；11 月至翌年 1 月蜜源稀少或断绝，蜂群越冬。

9 工蜂育儿能力有多强？

在蜂群繁殖过程中，1 只越过冬天的工蜂在春天仅能养活 1.2 条幼虫，当年新出生的 1 只工蜂则能养活近 4 条幼虫。1 脾子在春天能羽化出 2.5～3 脾蜜蜂，夏天能羽化 1.5 脾蜜蜂，秋天能羽化 1 脾蜜蜂。

因此，早春繁殖要求蜂多于脾，夏秋要求蜂脾相称。一个原则，有多少蜂养多少虫，虫口数量与工蜂哺育能力相称。

10 工蜂有哪些工作器官？

（1）采蜜器官 工蜂的喙和蜜囊构成采蜜器官，喙是用于吸食液体食物的管子，蜜囊（图 5）则是工蜂的前胃，临时盛装花蜜，类似家庭主妇购物的袋子。采蜜蜂把花蜜由喙吸入，暂时贮存在蜜囊里，回巢后交给酿蜜蜂进行酿造，否则就吞入中肠自己吃掉。蜜蜂的口腔膨大成食窦，是酿造蜂蜜的作坊。内勤工蜂把花蜜置于食窦中，将唾液中的酶添加进去，使花蜜中的蔗糖转化为果糖和葡萄糖，再通过扇风使水分蒸发，最后

图 5　工蜂的采蜜器官
（引自　黄智勇）

花蜜被酿造成蜂蜜。

　　（2）采粉器官　工蜂采集花粉时，6 只足、口器和全身绒毛都参与工作。工蜂头、胸部的绒毛分枝、叉，有的呈羽毛状，便于黏附花粉。工蜂前足的净角器与后足基跗节内侧的花粉刷以及花粉夹、胫节端部的花粉耙等，都有助于把花粉搜集、堆积到后足的花粉篮中；而中足胫节端部的距则是采粉工蜂回巢后的卸粉工具。

　　（3）采胶工具　由工蜂的上颚、中足和花粉篮组成挖掘、装卸和携带蜂胶的工具。

　　（4）泌毒器官　由螫针和螫针腺组成，是蜜蜂的武器。螫针由 1 根腹面有沟的中针和 2 根表面有槽、端部有逆齿的感针组成，螫针腺生产的蜂毒，通过螫针排出体外或泵入敌体。

　　（5）泌蜡器官　是工蜂将花蜜和花粉合成蜡液的反应堆，也叫蜡腺，位于工蜂第四至第七腹板的前部。蜡腺之外有光滑、透明、卵圆形的蜡镜，是承接蜡液凝固成蜡鳞的地方。蜜蜂使用蜡鳞建造房屋，我们再将蜜蜂的房屋熔化并凝固成蜂蜡。

　　（6）泌浆器官　工蜂的咽下腺和上颚腺组成蜂王浆的加工车间，蜂蜜和蜂粮在这里转化为蜂乳（又称蜂王浆），用于喂养幼龄幼虫和蜂王。

　　（7）守卫武器和筑巢工具　蜜蜂通过视觉和嗅觉获得防守或攻

击信息，以上颚啃噬、拖曳异类，用螫针刺杀敌人。

蜜蜂还用上颚筑巢、采集和使用蜂胶等。

11 雄蜂如何度过一生？

雄蜂是季节性蜜蜂，为蜂群中的雄性公民。在春暖花开、蜂群强壮时，蜂王在雄蜂房中产下未受精卵，以后它就发育成雄蜂。雄蜂既没有螫针，也没有采集食物的构造，不能自食其力。它们在晴暖的午后，飞离蜂巢 2～3 小时，极少数找到处女王旅行结婚（交配），履行自己受精的职责，然后死去。绝大多数雄蜂追不到处女王，却留得生命回巢，或飞到别的"蜜蜂王国"旅游。雄蜂的天职就是交配受精，平衡蜂群中的性比关系，平日里饱食终日，无所事事。一到秋末，这批已无用处的雄蜂，就会被工蜂驱逐出去，了此一生。

12 蜜蜂能飞多远距离？

晴暖无风的天气，意蜂载重飞行每小时约20千米，在逆风条件下常贴地面艰难运动。意蜂的有效活动范围在离巢穴 2.5 千米以内，向上飞行的高度 1 千米，并可绕过障碍物。中蜂的采集半径约1 千米。

小资料：一般情况下，蜜蜂在最近的植物上进行采集。在其飞行范围内，如果远处有更丰富、可口的植物泌蜜、散粉的情况下，有些蜜蜂也会舍近求远，去采集远处植物的花蜜和花粉，但离蜂巢越远，去采集的蜜蜂就会越少。一天当中，蜜蜂飞行的时间与植物泌蜜时间相吻合，或与蜜蜂交配等活动相适应。

13 工蜂如何采蜜、酿蜜？

花蜜是植物蜜腺分泌出来的一种甜液，是植物招引蜜蜂和其他昆虫为其异花授粉必不可少的"报酬"。

在植物开花时，蜜蜂飞向花朵，降落在能够支撑它的任何方便的部位，根据花的芳香和花蕊的指引找到花蜜和花粉，然后喙向前伸出，在其达到的范围内把花蜜吮吸干净（图6）。有时这个工作需要钻进花朵进行，有时需要在空中飞翔时完成。

花蜜酿造成蜂蜜，一是要经过糖类的化学转变，二是要把多余的水分排出。花蜜被蜜蜂吸进蜜囊的同时即混入了上颚腺的分泌物——转化酶，蔗糖的转化从此开始。采集蜂归来后，把蜜汁分给一至数只内勤蜂，内勤蜂接受蜜汁后，找

图6 采蜜

个安静的地方，头向上，张开上颚，整个喙反复进行伸缩，吐出吸纳蜜珠。20分钟后，酿蜜蜂爬进巢房，腹部朝上，将蜜汁涂抹在整个巢房壁上；如果巢房内已有蜂蜜，酿蜜蜂就将蜜汁直接加入。在酿造过程中，花蜜中的水分通过扇风来排除。如此5～7天，经过反复酿造和翻倒，蜜汁不断转化和浓缩，蜂蜜成熟，然后逐渐被转移至边脾或边缘巢房，泌蜡封存。

小资料：一个6千克重的蜂群，在流蜜期投入到采集活动的工蜂约为总数的1/2；一个2千克重的蜂群，投入到采集活动的工蜂所占蜂群比例约为1：3.4。如果蜂巢中没有蜂儿可哺育，5日龄以上的工蜂都会参与采集工作。在刺槐、油菜、椴树等主要蜜源开花盛期，一个意蜂强群1天采蜜量可达5千克以上。

蜜蜂采访1 100～1 446朵花才能获得一蜜囊花蜜，一只蜜蜂一生能为人类提供0.6克蜂蜜。

14 工蜂如何采粉、造粮？

花粉是植物的雄性配子，其个体称为花粉粒，由雄蕊花药产生。幼虫和幼蜂生长发育所需要的蛋白质、脂肪、矿物质和维生素等，几乎完全来自花粉。

当鲜花盛开、花粉粒成熟时，花药裂开，散出花粉。蜜蜂飞向盛开的鲜花，拥抱花蕊，在花丛中跌打滚爬，用全身的绒毛黏附花粉，然后飞起来用3对足将花粉粒收集并堆积在后足的花粉篮中，形成球状物——蜂花粉，携带回巢（图7）。

蜜蜂携带花粉回巢后，将花粉团卸载到靠近育虫圈的巢（花粉）房中，不久内勤蜂钻进花粉房中，将花粉嚼碎夯实，并吐蜜湿润。在蜜蜂唾液和天然乳酸菌的作用下，花粉变成蜂粮。当巢房中的蜂粮贮存至七成左右时，蜜蜂再添加 1 层蜂蜜，最后用蜡封存，以便长期保存。

图 7 采 粉
（李新雷 摄）

小资料：工蜂每次收集花粉约访梨花 84 朵、蒲公英 100 朵，历时 10 分钟左右，获得花粉 12～29 毫克。一个有 2 万只蜜蜂的蜂群，在油菜花期，日采鲜花粉量可达到 2 300 克；在茶花期，可采茶花粉 10 千克。一群蜂一年需要消耗花粉 30 千克。

15 利用新王能增产吗？

新王产的卵多，分泌的蜂王物质多，能够维持强群，工蜂采蜜积极、生命活力旺盛。因此，在养蜂生产中年年更新蜂王，使蜂群始终有一个年轻力壮的蜂王，可提高产量。

在长江以北地区，刺槐开花前期更新蜂王，蜂群当年不易分蜂，管理省工，还可提高产量。

16 新脾新房能增产吗？

新造巢脾散发出醛类和醇类物质，即蜂蜡信息素，能够刺激工蜂积极采集和贮藏食物，从而提高产量。从某种意义上讲，巢脾是蜂群生命的一部分，蜂群造脾积极，表明蜂群的生命力旺盛（图8）。

在荆条、刺槐等主要蜜源

图 8 新脾蜂旺

花期，积极造脾更换旧脾，不但可以提高蜂蜜产量，而且还能遏制巢虫为害、减少疾病传播和蜂蜜污染，利于培养大个健康工蜂。

17 蜜蜂生长发育对温度有什么要求？

蜜蜂卵的孵化、幼虫和蛹的生长发育需要 34～35℃恒温，高于或低于这个温度，就会缩短或延长生长时间，个体要么死亡，要么体质差，从而影响蜂群的生长和健康。

小资料：芝麻花期高温天气会导致蜜蜂卷翅病，早春低温会导致蜜蜂爬蜂病。

18 蜜蜂生长发育对湿度有什么要求？

蜂巢中适宜的相对湿度，在蜜蜂繁殖生长发育期为 90％～95％，越冬期为 75％～80％，生产期为 70％左右。

小资料：中蜂蜂巢湿度比意蜂高，河南群众称中蜂为"水蜜蜂"缘于此。

19 春夏秋冬如何影响蜂群生长发育？

蜂群周年群势大小随当地一年四季气候（蜜源）有规律地变化。从早春蜂王产卵开始，到秋末蜂王停卵结束，蜂群中卵、幼虫、蛹和蜜蜂共存，巢温稳定在 34～35℃；冬季漫长寒冷，蜂群停止育儿和生产活动，蜂王和工蜂抱团越冬，巢温稳定在 6～24℃。

华北地区，春季群势 5 脾蜂开始繁殖（2 月中旬），21 天前，老蜂不断死亡，没有新蜂出生，蜂群群势下降；21 天后、30 天前（3 月中旬），老蜂继续死亡，新蜂开始羽化，蜂群群势还在下降，跌至全年最低；30 天后、40 天前（3 月下旬），新蜂出生数量超过老蜂死亡数量，群势逐渐恢复，群势回到开始繁殖时的大小；40 天后、70 天前（4 月下旬），群势逐渐上升，达到全年最大群势，并开始进行蜂蜜、花粉、蜂王浆和蜂毒的生产；5 月至 8 月下旬，群势比较平衡，是分蜂和蜂产品生产的主要时期；9 月，我国北方蜂群群势下降，生产停止，这一时期繁殖越冬蜂，喂越冬饲料，准备蜂群越冬；10月至翌年2月，北方蜂群越冬。

南方地区，蜂群自1月开始繁殖，10～11月，蜂群还在生产茶花粉和蜂王浆，从12月至翌年1月，蜂群越冬。在江、浙以南等夏季没有蜜源的地区，蜂群度夏约持续2个月，蜜蜂只有采水降温活动，蜂王停卵，群势下降。一般来说，蜂群度夏难于越冬。

小资料：在养蜂生产中，南方蜂场在夏季有蜜源地区或转地放蜂，从3～11月有长达9个月的生产期；华北地区从4～8月仅有5个月的生产时间。

20　蜜蜂性别是如何决定的？

蜜蜂性别受到遗传基因控制。蜂王在工蜂房和王台基内产下的受精卵，是含有32个染色体的合子，经过生长发育成为雌性蜂；雌性蜜蜂产生的卵子，其细胞核中仅有16个染色体，未受精就可以发育成雄蜂。

蜜蜂级型分化取决于食物。蜂群中工蜂和蜂王这两种雌性蜂，在形态结构、职能和行为等方面存在差异，主要表现在：工蜂具有采集食物和分泌蜂蜡、制造王浆等的工作器官，但生殖器官退化；蜂王没有采集食物的器官，无分泌蜂蜡、制造王浆等的腺体，但生殖器官发达，体大，专司产卵。意蜂工蜂长成需要21天，寿命在繁殖期约35天、越冬期约180天；意蜂蜂王长成历时16天，寿命3～5年。造成工蜂和蜂王差异的原因是食物和出生地，工蜂出生于口斜向上、呈正六棱柱体的工蜂房中，幼虫在最初的3天吃蜂王浆，以后吃蜂粮；蜂王成长于口向下、呈圆坛形的蜂王台中，幼虫及成年蜂王一直吃的是蜂王浆（图9）。食用蜂粮和蜂王浆的差异，导致了上述命运的悬殊。

如果将3日龄内工蜂幼虫与蜂王幼虫交换住所，即变更它们的食物，则本应长成蜂王的幼虫变成了勤劳的工蜂，而当初是"瘪三"的工蜂幼虫却成了发号施令的蜂王。

图 9　工蜂房（左）与蜂王台（右）

21　蜂王产卵受何因素影响？

图 10　蜂王节育

蜂王的主要职能就是产卵。蜂王产卵主要受两方面因素的影响：①蜜源和气候。蜂王从早春到秋末，不分昼夜地在巢脾上巡行，产下一个又一个的卵，而工蜂则环绕其周，时刻准备着用营养丰富的蜂王浆饲喂蜂王。意蜂王每昼夜产卵可达 1 800 粒，超过自身的体重。秋末冬初，外界花儿逐渐消失，蜂王会节制生育，并在冬天停止产卵。②基因。蜂王是品种种性的载体，产卵多少受其基因影响。例如，意蜂蜂王每日产卵 1 800粒，中蜂蜂王日产卵仅 900 粒左右。

在现代养蜂生产管理中，为获取最好的经济效益，须根据天气、花期、蜂群状态和管理目的适时控制蜂王产卵（关在竹笼里），搞好蜂王计划生育（图 10），可以提高效益。

22　什么是蜂巢？

大凡蜜蜂居住的地方都称蜂巢，是蜜蜂繁衍生息、贮藏食粮的场所，由工蜂泌蜡筑造的一片或多片与地面垂直、间隔并列的巢脾构成，巢脾上布满巢房。

蜂巢分为野生和人工两种。野生蜂群在树洞、岩洞里或树权、崖壁下筑巢生活，为野生蜂巢；蜜蜂所居住的人工特制容器，通称蜂箱，包括活框蜂箱、土坯蜂箱和无框蜂箱、蜂桶等。

23 什么是蜂箱？

蜂箱是用杉木、红松或桐木等做的一个中空的封闭空间，供蜜蜂繁衍生息和制造、贮存食物，也是养蜂及生产的基本工具。广义的蜂箱包括活框蜂箱和无框蜂箱，无框蜂箱有圆形蜂桶和方形蜂箱，或立或卧、大小不一，共同特点是巢脾附着在箱壁或箱顶上，割蜜生产（图11）；活框蜂箱大小、样式也不一样，有单箱体也有多箱体，共同特点是巢脾结在可以提出来的巢框里（图12）。

图11　无框圆桶蜂箱

图12　郎氏活框蜂箱

无论是活框蜂箱还是无框蜂箱，凡是通过向上叠加（继）箱体扩大蜂巢的称为叠加式蜂箱，通过侧向增加巢脾扩大蜂巢的称为横卧式蜂箱。叠加式活框蜂箱合乎蜜蜂向上贮蜜的习性，搬运方便，适于专业化和现代化饲养管理，因此，这类蜂箱是养蜂生产中最主要的蜂箱类型。无框蜂箱适合某些特定地区气候、蜜源条件下中蜂的饲养。

小资料：饲养西方蜜蜂的主要有郎氏蜂箱，其次是十二框方形蜂箱，东北地区还有十六至二十四框的横卧式蜂箱。饲养中华蜜蜂的有中蜂标准蜂箱以及从化式、高仄式、中一式、方格式蜂箱。

24 分离蜂蜜有哪些器械？

我们平常看到的液态蜂蜜就是分离蜜，生产分离蜜的器械主要有分蜜机、吹蜂机、蜂刷、割蜜刀和过滤器等。

（1）分蜜机　是利用离心力把蜜脾中的蜂蜜甩出来的工具，分弦式和辐射式两种。弦式分蜜机是由桶身、框笼和传动装置构成，蜜脾置于分离机框笼中，脾面和上梁均与中轴平行，呈弦式排列的一类分蜜机。目前，我国多数养蜂者使用两框固定弦式分蜜机，特点是结构简单、造价低、体积小、携带方便，但每次仅能放 2 张脾，需换面，效率低

图 13　两框换面式分蜜机

（图13）。辐射式分蜜机由桶身、框笼和手动或电动传动装置构成，多用于专业化大型养蜂场；蜜脾置于分离机框笼中，脾面与中轴在一个平面上，下梁朝向并平行于中轴，呈车轮的辐条状排列，能同时分离出来蜜脾两面的蜂蜜。

（2）吹蜂机　由 1.47～4.41 千瓦（2～6 马力）的汽油机或电动机作动力，驱动离心鼓风机产生气流，通过输气管从扁嘴喷出，将支架上继箱里的蜜蜂吹落。

（3）蜂刷　通常采用白色的马尾毛和马鬃毛捆绑于竹柄上制作，用于刷落蜜脾、产浆框和育王框上的蜜蜂（图14）。

图 14　蜂　刷

（4）割蜜刀　采用不锈钢制造，长约 250 毫米、宽 35～50 毫米、厚 1～2 毫米，用于切除蜜房蜡盖（图 15）。电热式割蜜刀刀身长约 250 毫米、宽约 50 毫米，双刃，重壁结构，内置 120～400 瓦的电热丝，用于加热刀身至 70～80℃。

图 15　割蜜刀

（5）过滤器　是净化蜂蜜的器械，由 1 个外桶、4 个网眼大小不一（20～80 目）的圆柱形过滤网等构成（图 16）。

小资料：分离蜂桶或野生蜜蜂的蜂蜜时，常用螺旋榨蜜器榨取。

图 16　蜂蜜过滤器
（朱志强　摄）

25 **巢蜜生产有哪些工具？**

有巢蜜盒和巢蜜格两种（图17），用时镶嵌在巢框（或支架）中，并与小隔板共同组合在巢蜜继箱中，供蜜蜂贮存蜂蜜。

图17　巢蜜盒（左）与巢蜜格（右）

26 **脱粉工具有哪些？**

我国生产上使用巢门式蜂花粉截留器，与承接蜂花粉的集粉盒组成脱粉装置，截留器孔圈由不锈钢丝制成，组

图18　带雄蜂门脱粉器

装在木架中（图18），截留器孔径一般为4.6～4.9毫米，4.6毫米孔径的仅适合中蜂脱粉使用，4.7毫米孔径的只适合干旱、花粉团小的季节意蜂脱粉使用，4.8～4.9毫米孔径的适合西方蜜蜂在茶花、油菜、蚕豆等湿度大、花粉多时脱粉使用。蜜蜂通过花粉截留器的孔进巢时，后足两侧携带的花粉团被截留（刮）下来，落入集粉盒中。

小资料：花粉截留器刮下蜂花粉团率一般要求在75%左右，过高蜂群缺粉，过低蜜蜂采粉怠惰。

27 产浆工具有哪些？

目前，我国生产蜂王浆的工具主要有塑料王台基、移虫笔、王浆框、刮浆板、拣虫镊、清蜡器等，都可从商店购买。

（1）王台基　采用无毒塑料制成，多个台基形成台基条，台基条组装在王浆框中，用于承接幼虫并引诱工蜂泌浆（图19）。现在采用较普遍的台基条有 33 个台基。

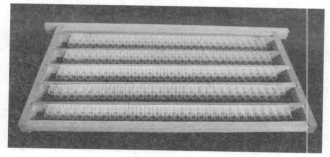

图 19　塑料台基

（2）移虫笔　是把工蜂巢房内的蜜蜂小幼虫移入台基育王或产浆的工具，由牛角舌片、塑料管、幼虫推杆（舌）、推杆缩回弹簧等制成（图20）。

图 20　移虫笔

（3）王浆框　是用于安装台基条的框架，采用杉木制成。外围尺寸与巢框一致，上梁宽13毫米、厚20毫米，两边条宽13毫米、厚10毫米，下梁宽、厚均为13毫米；台基条附着板4～5条，宽13毫米、厚5毫米。

（4）刮浆板　由刮浆舌片和笔柄组装构成，用于将王台基中的王浆刮带出来（图21）。刮浆舌片采用韧性较好的塑料或橡胶片制成，呈平铲状，可更换，刮浆端的宽度与所用台基纵向断面相吻合；笔柄采用硬质塑料制成，长度约 100 毫米。

图 21　刮浆板

（5）拣虫镊　为不锈钢小镊子，用于拣拾王台中的蜂王幼虫（图 22）。

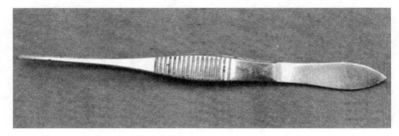

图 22　镊　子

（6）清蜡器　由形似刮浆器的金属片构成，有活动套柄可转动，移虫前用于清除王台内壁的赘蜡。

生产蜂王浆还需要割蜜刀，用于削除加高的王台台壁；盛装蜂王浆的是食品级塑料制作的塑料瓶或 5 升塑料壶等容器。

另外，近年已研究成功多功能取浆机，将喷水→割王台蜡壁→捞虫→扒浆→移虫等手工工序，变成机械一次完成，并将单个巢房操作工艺变成一条台基同时整批进行。免移虫蜂王浆生产器械也在中试、推广中。

　集胶器械有哪些？

生产蜂胶的专门工具有竹丝副盖或塑料副盖式集胶板、尼龙纱网、巢门集胶器等。尼龙取胶纱网多采用 40～60 目无毒白色塑料纱，双层置于副盖下或覆布下；副盖式采胶器相邻竹丝或格栅间隙 2.5 毫米，一方面作副盖使用，另一方面可聚积蜂胶（图 23）。使用

图 23　积胶副盖

尼龙纱网或副盖式采胶器取胶，可一次采胶 120 克左右。

　　平时可使用起刮刀收集箱沿、框耳、框受（蜂箱上沿承接巢框框耳的槽）上的蜂胶。

29　采毒器具有哪些？

　　当前，国际上通用的是电取毒器。蜜蜂电子自动取毒器由电网、集毒板和电子振荡电路构成（图 24）。电网采用塑料格栅电镀而成；集毒板由塑料薄膜、塑料屉框和玻璃板构成；电源电子电路以 3 伏直流电（两节 5

图 24　电取蜂毒器

号电池），通过电子振荡电路间隔输出脉冲电压作为电网的电源，同时由电子延时电路自动控制电网总体工作时间。

　　生产蜂毒还需要硅胶干燥器、棕色玻璃瓶、不锈钢刀、防护面具等辅助器械。

30　制蜡工具有哪些？

　　小型制蜡工具有电热榨蜡器、螺杆榨蜡器和日光晒蜡器，以螺杆压力榨蜡器常用。螺杆榨蜡器以螺杆下旋施压榨出蜡液，其出蜡率和工作效率均较高。我国使用的螺杆榨蜡器由榨蜡桶、施压螺杆、上挤板、下挤板和支架等部件构成。榨蜡桶采用直径为 10 毫米的钢筋排列焊接而成，桶身呈圆柱形，直径约 350 毫米，以组成桶身钢筋之间的间隙作为出蜡口。施压螺杆由1～2吨的千斤顶供给动力，榨蜡时用于下行对蜂蜡原料施压挤榨。上、下挤板采用金属制成，其上有许多孔或槽，供导出提炼出的蜡液。榨蜡时，下挤板置于桶内底部，上挤板置于蜂蜡原料上方。支架和上梁采用金属或坚固的木材制成，用于承受榨蜡的反作用力（图25）。

图25 榨蜡器

大型制蜡工具是由机械完成，双壁电加热锅将毛蜡（群众交售的蜡）重新溶化，经过沉降装置除去生物杂质，再通过板框过滤设备流出干净的蜡液，最后进入模板冷却即成蜡板。

小资料：大型蜂蜡厂，可通过机械将蜂蜡制成白色或黄色的蜡板，或豆粒大小的子蜡（图26）。

图26 子 蜡

31 什么是起刮刀？如何使用？

起刮刀是采用优质钢锻成的一端弯曲、另一端平直的金属薄片，长25～35厘米、宽3厘米左右、厚2.5毫米左右（图27）。用于开箱时撬动副盖、继箱、巢框、隔王板和刮铲蜂胶、赘脾及箱底污物、起小钉等，是管理蜂群不可缺少的工具。

图27 起刮刀

起刮刀形式多样，除上述功能外，有的还兼具刀的切削作用。

32 **什么是喷烟器？如何使用？**

喷烟器是一个发烟装置，风箱式喷烟器由燃烧炉、炉盖和风箱构成，在其炉膛中燃烧艾草、木屑、松针等喷发烟雾，用以镇压蜜蜂的反抗（图28）。

图28　喷烟器

用艾草编成绳索，可以直接点燃产生烟雾使用，方便快捷，可以替代喷烟器。另外，用燃香冒出的烟，亦可达到驯服蜜蜂的目的。

33 **什么是防蜂帽？如何使用？**

防蜂帽是用于保护人员头部和颈部免遭蜜蜂蜇刺的劳保用品，有圆形和方形两种，其前向视野部分采用黑色尼龙纱网制作。圆形蜂帽采用黑色纱网和尼龙网制作（图29），为我国养蜂者普遍使用；方形蜂帽由铝合金作支架与尼龙纱网构成，或由铝合金作支架与金属纱网制作，多为国外养蜂者采用。

使用时，将防蜂帽戴在头上，黑色

图29　防蜂帽

一面作为前脸，拉紧下部围绳即可。

小资料：防护蜂蜇的劳保用品还有蜂衣，有的蜂帽与上衣连在一起，也有的蜂帽、上衣和裤缝制在一起，前有拉链开口供穿戴，袖口、裤管有橡皮绳索，防止蜜蜂钻入衣内。

34 喂糖工具有哪些？如何使用？

喂糖工具是指流体饲料饲养器，用来盛装糖浆、蜂蜜和水供蜜蜂取食，我国主要有盒、瓶两种。塑料喂蜂盒一端为小盒，一端是大盒，喂蜂时置于隔板外侧，傍晚注入液体食料或水，小盒喂水，大盒喂糖浆。巢门喂蜂器由容器（瓶子）和吮吸区组成，用时将液体食物先注入瓶中，套上吮吸装置，然后倒扣，吮吸区通过巢门插入蜂箱，浸出食物供蜜蜂取食（图30）。

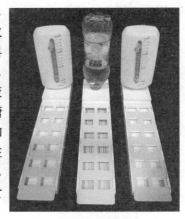

图30　巢门饲喂蜂

国外使用专门的箱顶容器喂蜂，效率高、不起盗。国内还有用塑料袋装液体食物，用针扎一些小孔，置于蜂箱供蜜蜂慢慢取食。

35 限王工具有哪些？如何使用？

限制蜂王活动范围的工具有隔王板、蜂王产卵控制器和王笼等。

（1）隔王板　有平面和立面两种，均由隔王栅片镶嵌在框架上构成（图31）。它将蜂巢隔离为繁殖区和生产区，即育虫区与贮蜜区、育王区、产浆区，以便提高产量和质量。平面隔王板使用时水平置于上、下两箱体之间，把蜂王限制在育虫箱内繁殖。立面隔王板使用时竖立插于巢箱内，将蜂王限制在巢箱选定的巢脾上产卵繁殖。

（2）蜂王产卵控制器　由立面隔王板和局部平面隔王板构成（图32），把蜂王限制在巢箱特定的巢脾上产卵，而巢箱与继箱之间无隔王板阻拦，让工蜂顺畅地通过上下继箱，以提高效率。在养蜂生产中，应用于雄蜂蛹的生产和机械化或程序化的蜂王浆生产。

图31　立面隔王板

图32　组合式隔王板

（3）王笼　由8～10根长约4厘米的竹丝和面积约8厘米^{2}的两片塑料组成（图33），竹丝穿过两塑料片圆孔，间隙4.5毫米。在秋末、春初断子治螨和换王时，常用来禁闭老蜂王或包裹报纸介绍新蜂王。

（4）蜂王节育套　由软塑料小管制作，直径约4.5毫米，一侧裁开，一端略微收缩（图34）。使用时套在蜂王腹部，缩小的一端卡在腹柄处。

图33　王　笼

图34　蜂王节育套

王笼和蜂王节育套都是控制蜂群断子用的，蜂王产卵控制器和隔王板是将蜂王限制在特定巢脾上产卵用的。蜂王节育套的各口边缘须光滑圆润，否则易伤害蜂王。

36 上础工具有哪些？如何使用？

一般上础工具有埋线板、埋线器等。

（1）埋线板　由1块长度和宽度分别略小于巢框内围宽度和高度、厚度为15～20毫米的木质平板，配上两条垫木构成。埋线时置于框内巢础下面作垫板，并在其上垫一块湿布（或纸），防止蜂蜡与埋线板粘连（图35）。

图35　埋线板

（2）埋线器　有烙铁式、齿轮式和电热式三种。烙铁式埋线器由尖端带凹槽的四棱柱形铜块配以手柄构成；使用时，把铜块端置于火上加热，然后手持埋线器，将凹槽扣在框线上，轻压并顺框线滑过，使框线下面的础蜡熔化，并与框线黏合。齿轮式埋线器由齿轮配以手柄构成，齿轮采用金属制成，齿尖有凹槽；使用时，凹槽卡在框线上，用力下压并沿框线向前滚动，即可把框线压入巢础。电热式埋线器由一个小型变压器、一条电源线和两条输出线构成（图36）；电流通过框线时

图36　电埋线器械

产生热量，将蜂蜡熔化，断开电源，框线与巢础黏合，输入电压220伏（50赫兹）、埋线电压9伏、功率100瓦，埋线速度为每框7～8秒。

37 收蜂工具有哪些？如何使用？

搜捕工具即指收捕分蜂团的工具，有收蜂器、捕蜂网等。

（1）收蜂器　采用金属框架和铁纱制成，形似倒菱形漏斗，上

有活盖，下有插板，两侧有耳，收捕高处的分蜂团时绑在竿上。使用时打开上盖，从下方套住蜂团并移动，使蜂团落入网内，随即加盖。抽去下部的插板，即可把蜂抖入蜂箱内。

（2）捕蜂网　由网圈、网袋、网柄三部分组成。网柄由直径2.6～3厘米和长为40厘米、40厘米、45厘米的三节铝合金套管组成，端部有螺丝，用时拉开、拧紧，长可达110厘米，不用时互相套入，长只有45厘米，似雨伞柄。网圈用四根直径0.3厘米、长27.5厘米的弧形镀锌铁丝组成，首尾由铆钉轴相连，可自由转动，最后两端分别焊接与网柄端部相吻合的螺丝钉和能穿过螺丝钉的孔圈，使用时螺丝钉固定在网柄端部的螺丝上。网袋用白色尼龙纱制作，袋长70厘米；袋底略圆，直径5～6厘米，袋口用白布镶在网圈上。使用时用网从下向上套住蜂团，轻轻一拉，蜂球便落入网中，顺手把网柄旋转180°，封住网口，提回。收回的蜜蜂要及时放入蜂箱。布袋式取蜂器与此类似。

山区群众还使用木制倒梯形收蜂斗（类似粮斛）收拢蜂群。分蜂季节将收蜂斗分散挂在蜂场周围、位置明显的树枝下，等待分蜂群临时聚集（图37）。

图37　收蜂斗

二、蜂群管理

38 养什么蜂种好？

根据地理环境、蜜源特性和饲养目的、方式，选择适合的蜂种。

中蜂能够生产蜂蜜、蜂蜡，利用零星蜜源，管理省工，蜜价较高。当前适合山区、定地饲养。其抗蜂螨病、白垩病和爬蜂症，但不抗囊状幼虫病。

意蜂可以生产蜂蜜、花粉、王浆、蜂胶、蜂毒、蜂蜡和蜂蛹等，能够突击利用大宗蜜源，产量高、效益好。适合转地放蜂。其抗囊状幼虫病，但不抗蜂螨病、白垩病、爬蜂症。

无论何蜂种，只要蜜源丰富、管理得当、注重销售，都会获得好效益。

39 如何购买蜂种？

包括挑选蜂群、定价付款和运输蜂群等几个环节。

（1）挑选蜂群　应在晴暖天气的中午到蜂场观察，所购蜂群要求蜂多而飞行有力有序，蜂声明显，工蜂健康，有大量花粉带回；蜂箱前无爬蜂、酸和腥臭气味、石灰子样蜂尸等病态（图38）。然后再打开蜂箱进一步挑选。要求蜂王颜色新鲜，体大胸宽，腹部修长丰满，行

图38　白垩病

动稳健，产卵时腹部伸缩灵敏，动作迅速，提脾安稳，产卵不停；工蜂体壮，健康无病，新蜂多，性情温驯，开箱时安静、不扑人、不乱爬，体色一致；子脾面积大，封盖子整齐成片，无花子、无白头蛹和白垩病等病态，子脾占总脾数的一半以上；幼虫色白、晶亮、饱满；巢脾不发黑，雄蜂房少或无，有一定数量的蜜粉；蜂箱坚固严密，尺寸标准；群势早春不小于2框足蜂，夏秋季节大于5框。

（2）定价付款　买蜂以群论价，脾是群的基本单位。脾的两面爬满蜜蜂（不重叠、不露脾）为1脾蜂，意蜂约2 400只，中蜂约3 000只。2010年后，早春1脾蜂80～100元，秋季则40元左右。买蜂也可以重量计价（如笼蜂），一般1千克约有意蜂10 000只，有中蜂12 500只，占4个标准巢框。

小资料：花子是指幼虫、蛹、卵和空巢房相间混杂，白头蛹是蜜蜂将封盖清除露出白色蛹头，这些都是蜂病或受到天敌危害的表现。

初养蜂者，务必从高产、稳产、无病的蜂场购买蜂群，容易获得成功。

40 **怎样选定场址？**

养蜂场是养蜂员生活和饲养蜜蜂、进行生产的场所。无论是定地养蜂或转地放蜂，都要选一个适宜蜂群和人生活的环境。

（1）定地蜂场　在养蜂场地周围2.5千米半径内，须有1～2个比较稳产的主要蜜源和交错不断的辅助蜜源，无毒害蜜源。在山区，场址应选在蜜源所在区的南坡下，平原地带选在蜜源的中心或蜜源北面位置。方圆200米内的小气候要适宜，如温度、湿度、光照等，避免选在风口、水口、低洼处，要求背风、向阳，冬暖夏凉，巢门前面开阔，中间有稀疏的树林。水源充足、质量要好，周围环境安静。远离化工厂、糖厂、养殖场、铁路和有高压线的地方。另外，大气污染严重的地方（包括污染源的下风向）不得作为放蜂场地。要充分考虑有无虫、兽、水、火等对人和蜂的潜在威胁，以及生活用房、生产车间和仓库等。交通尽量便利，两蜂场之间应相距 2 千米左右。

（2）转地放蜂　须有帐篷，每到一处，蜜源都要丰富，且要预防蜜蜂中毒。场地之间可适当密集一些，但不能引起偏集和盗蜂。蜂场应设在车、船能到达的地方，以方便产品、蜂群的运输。转地蜂场同样要避免洪水冲淹、虫兽危害、人祸，以及蜜蜂对当地人畜的威胁。忌在蜜源方向已有蜂场后再进入建场，尊重当地同行，预防盗蜂和避免产生矛盾。

小资料：中蜂场地要距离意蜂场地 2.5 千米以上。中蜂场址的好坏和蜂箱摆放位置恰当与否，直接影响蜂群的分蜂和繁殖。因此，一个好的场址，须经过多年的观察确定。

41 *如何摆放蜂箱（群）？*

排列摆放蜂群的方式多样，以蜂群数量、场地大小、地貌特点、蜂种和季节等而定，以方便管理、利于生产和不易引起盗蜂为原则（图 39）。放置蜂箱，要前低后高、左右平衡，用支架或砖块垫底，使蜂箱离地面 30 厘米左右。

图 39　刺槐花场地以排分组摆放蜂群
（朱志强　摄）

（1）散放蜂群　是根据地形、树木或管理需要，将蜂群散放在四周，或加大蜂群间的排列距离，适合交配群、家庭养蜂和中蜂饲养。

（2）分组摆放　意蜂等西方蜜蜂，应采取两箱一组排列，前后错开，成排、方形或依地形放置；各箱紧靠的"一"字形排列，适应于冬季摆放蜂群；在车站、码头或囿于场地，多按圆形或方形排列。在国外，常见巢门朝向东南西北四个方向的 4 箱一组的排列方式，蜂箱置于底座上，有利于机械装卸和越冬保暖包装。

转地蜂场若要组织采集群，则蜂箱紧靠；若要平分蜂群，则蜂箱间距要大，留出新分群位置。交尾群应放在蜂场四周僻静处，蜂路开阔，标志物明显。成排摆放蜂群，每排不宜过长，以防蜂盗。

42　怎样开箱全面检查蜂群？

开箱检查即指打开蜂箱将巢脾依次提出仔细查看，全面了解蜂群的蜂、子、王、脾、蜜、粉和健康与否等情况。在分蜂季节，还要注意观察自然王台，判断有无分蜂热现象。开箱检查分全面检查和快速检查两种。

人站在蜂箱的侧面，先拿下箱盖，将箱盖斜倚放在蜂箱后箱壁，揭开覆布，用起刮刀的直刃撬动副盖，取下副盖反搭在巢门踏板前，然后，将起刮刀的弯刃依次插入蜂路撬动巢框，推开隔板，用双手拇指和食指紧捏巢脾两侧的框耳，将巢脾水平竖直向上从蜂箱的正上方提出（图40）。

图40　看　蜂
（朱志强　摄）

先看正对着的一面，再看另一面。检查过程中，需要处理的问题应随手解决，检查结束时应将巢脾恢复原状；或子脾、新脾放中间，巢脾与巢脾之间相距10毫米左右。最后推上隔板，盖上副盖、覆布和箱盖，然后进行记录。

翻转巢脾时，一手向上提巢脾，使框梁与地面垂直，并以上梁为轴转动180°；然后两手放平，使巢脾上梁在下、下梁在上，查看完毕，采用相同的方法翻动巢脾，放回箱内。再提下一脾进行查看。在熟练的情况下或无需仔细地观察卵、虫情况时可不翻转巢脾，先看正对的一面，然后，将巢脾下缘前伸、头前倾看另一面，看完放回箱内。

在检查继箱群时，首先把箱盖反放在箱后，用起刮刀的直刃撬动继箱，使之与隔王板等松开；然后，搬起继箱，横搁在箱盖上。检查完巢箱后，把继箱加上，再检查其他继箱。

开箱检查会使蜂巢温度、湿度发生变化，影响蜂群正常生活，还易发生盗蜂，且费工费时。因此，能箱外观察就不要开箱，开箱以快速检查为宜。

43 如何开箱快速检查蜂群？

打开蜂箱，针对某些问题，抽出特定巢脾进行查看，判定某个问题。例如，抽出边脾看食物盈缺，看中间脾判断繁殖好坏等。

44 如何预防蜂蜇？

将蜂场设在僻静处，周围设置障碍物，如用栅栏、绳索围绕阻隔，防止无关人员或牲畜进入。在蜂场入口处或明显位置竖立警示牌，以避免发生事故。

（1）穿防护衣戴防护帽操作人员应戴好防蜂帽，穿好工作服，将袖、裤口扎紧（图41），这对蜂产品生产和蜂群的管理工作都是非常必要的，尤其是在运输蜂群时的装卸过程中，对工作人员的防护更是不可缺少。

图41　做好防护工作

（2）注意个人行为　检查蜂群遵循程序，操作人员应讲究卫生，着白色或浅色衣服，勿带异味，勿对着蜜蜂喘粗气和大声说话。检查时心平气和，一心一意，操作准确，不震动碰撞，不挤压蜜蜂，轻拿轻放，尽量缩短开箱时间。忌站在箱前阻挡蜂路和穿蜜蜂记恨的黑色绒衣绒裤。若蜜蜂起飞扑面或绕头盘旋时，应微闭双眼，双手遮住面部或头发，稍停片刻，蜜蜂会自动飞走，忌用手乱拍乱打、摇头或丢脾狂奔。若蜜蜂钻进袖和裤内，可将其捏死；若钻入鼻孔和头发内，及时将其压死；钻入耳朵中可将其压死，也可等其自动退出。在处死蜜蜂的位置，用清水洗掉异味。

（3）用烟镇压　开箱前准备好喷烟器（或火香、艾草绳等发烟的东西），喷烟驯服好蜇的蜜蜂。

45　怎样处置蜂蜇？

被蜜蜂蜇刺后，首先要冷静，心平气和，放好巢脾，然后用指甲反向刮掉蜇针，或借衣服、箱壁等顺势擦掉蜇针，最后用手遮蔽被蜇部位，再到安全的地方用清水冲洗。如果被群蜂围攻，先用双手保护头部，退回屋（棚）中或离开蜂场，等没有蜜蜂围绕时再清除蜂刺、清洗创伤，视情况进行下一步治疗。

对少数过敏者或中毒者，应及时给予扑尔敏口服或注射肾上腺素，并送医院救治。

被蜂蜇后疼痛持续约 2 分钟，受伤部位红肿期间勿抓破皮肤。蜂场平时须配备小药箱，内存肾上腺素注射液、扑尔敏等抗过敏应急药物。

46　更新蜂巢有何意义？

巢脾是蜜蜂个体生命的载体、群体生命的生长点，蜜蜂是否造脾、巢脾新旧，展现了蜂群生命力旺盛与否，影响着蜂群的兴衰。通常新脾颜色浅、巢房大，不污染蜂蜜，病虫害也少，培育出的工蜂个头大、身体壮；老脾颜色深、巢房小，变黑变圆，出生的蜜蜂个体小，易滋生病虫害。因此，饲养意蜂应每两年更新一次巢脾，饲养中蜂需要年年更换巢脾。

积极更新巢脾，能够增加蜂蜡产量。

47　如何镶装巢础？

修造巢脾包括钉框→打孔→穿线→镶础→埋线→插框六个工序。

（1）钉框　先用小钉子从上梁的上方将上梁和侧条固定，并在侧条上端钉钉加固，之后用钉固定下梁和侧条；钉框须结实、端正，上梁、下梁和侧条须在一个平面上。

（2）巢框打孔　用量眼尺卡住边条，从量眼尺孔上等距离垂直地在边条中线上钻 3～4 个小孔。

（3）穿线　使用 24 号铁丝，先将其一头在边条上固定，另一头依次穿过边条小孔，并逐一将每根铁丝拉紧，直到每根铁丝用手弹拨发出清脆之音为止，最后将铁丝的另一头固定。

（4）镶础　槽框上梁在下、下梁在上置于桌面。先把巢础的一边插入巢框上梁腹面的槽沟内，巢础左右两边距两侧条 2～3 毫米，上边距下梁 5～10 毫米，然后用熔蜡壶沿槽沟均匀地浇入少许蜂蜡液，使巢础粘在框梁上。巢础与上梁联结，可将蜡片在阳光下晒软，捏成豆粒大小，双手各拿 1 粒，隔着巢础，从两边对着一点用力挤压，使巢础粘在框梁上，自两头到中间等距离黏合 5 点。

（5）埋线　将巢础框平放在埋线板上，用手动埋线器卡住铁丝滑动或滚动，把每根铁丝埋入巢础中央。如果使用烙铁式埋线器，事先须将烙铁头加热。

（6）插框　在傍晚将巢础框插在边脾与隔板之间的位置，一次加 1 张。

小资料：电热埋线效率高、质量好，方法是在巢础下面垫好埋线板，套一巢框，巢础一边插入础沟，框线位于巢础上面并紧密接触。接通电源（6～12 伏），将一个输出端与框线的一端相连，然后一手持一根长度略比巢框高度长的小木条轻压上梁和下梁的中部，使框线紧贴础面，另一手持电源的另一个输出端与框线的另一端接通。框线通电变热 6～8 秒（或视具体情况而定）后断开，烧热的框线将部分础蜡熔化并被蜡液封闭黏合。

另外，使用模具装订巢框，通过并联电路装置供电、加热埋线，可提高钉框和上础效率。

48　怎样修造优质巢脾？

修造合格优质的巢脾，安装的巢础必须平整、牢固，没有断裂、起伏、偏斜的现象。埋线时用力要均匀适度，即要把铁丝与巢础粘牢，又要避免压断巢础。造脾蜂群须保持蜂多于脾，饲料充足，在外界蜜源缺乏季节，需给蜂群喂糖。

巢础加进蜂群后第二天进行检查，对发生变形、扭曲、坠裂和脱线的巢脾，及时抽出淘汰，或加以矫正后将其放入刚产卵的新王群中进行修补。

巢础含石蜡量太大（或原料配方、工艺不合理）、础线压断巢础、适龄筑巢蜂少和饲料不足都会使新脾变形。

49 如何利用报纸合并蜂群？

把两群或两群以上的蜜蜂全部或部分合成一个独立的生活群体，称合并蜂群。蜂群的生活具有相对的独立性，每个蜂群都有其独特的气味——群味，蜜蜂凭借灵敏的嗅觉，能够准确地分辨出自己的同伴或其他蜂群的成员，从而决定接纳或拒绝（打架）。因此，将无王的蜜蜂合并到有王群中，混淆群味是成功合并蜂群的关键。

报纸合并蜂群的操作程序是：取一张报纸，用小钉扎多个小孔。把有王群的箱盖和副盖取下，将报纸铺盖在巢箱上，上面叠加继箱，然后将无王群的巢脾带蜂放在继箱内，盖好蜂箱即可（图42）。一般10小时左右，群味自然混合，蜜蜂将报纸咬破、串通，2～3天后撤去报纸，整理蜂巢。

图42　报纸法合并蜂群

在刺槐等主要植物泌蜜盛期，也可以将无王蜂群与有王蜂群直接放在一起合并——直接合并；冬季越冬时亦可采用。

50 合并蜂群注意哪些问题？

合并蜂群的前1天，彻底检查被合并群，除去所有王台或品质差的蜂王；把无王群并入有王群，弱群并入强群；相邻合并，傍晚进行。

51 如何识别盗蜂？

开始时，在被盗蜂群周围盘旋飞翔的盗蜂，瞅缝寻机进箱，降落在被盗蜂群巢门的盗蜂，不时起飞，躲避守门蜜蜂的攻击和检查。一旦被对方咬住，双方即开始拼命打斗，如果攻入巢穴，就抢掠蜂蜜，之后匆忙冲出巢门，在被盗蜂群上空盘旋数周后飞回原群。盗蜂归巢后将信息传递给其他同伴，遂率众前往被盗群强行搬蜜。此后，盗蜂要抢入被盗蜂巢，守门蜂依靠其嗅觉和气味辨识敌人并加以抵挡。于是，被盗蜂群蜂箱周围蜜蜂聚集，秩序混乱，互相抱团打斗，爬行的、乱飞的，并伴有尖锐叫声。

有些蜂群巢门前虽然不见工蜂搏斗，也不见守卫蜂，但是，蜜蜂突然增多，外界又无花蜜可采，表明该蜂群已被盗蜂征服。还有些盗蜂在巢门口会献出一滴蜂蜜给守门蜜蜂，然后混进蜂巢盗蜜，有的直接闯进箱内抢掠。

发现上述情况，即可判定发生盗蜂。

盗蜂多是身体油光发亮的老年蜂，它们早出晚归。

52 如何预防盗蜂？

选择有丰富、优良蜜源的场地放蜂，常年饲养强群，留足饲料。在繁殖越冬蜂前喂足越冬饲料，抽饲料脾补给弱群，饲料尽量选用白糖。重视蜜、蜡和巢脾的保存。蜜源缺乏季节要在一早一晚检查蜂群，并用覆布遮盖暴露的蜂巢。降低巢门高度（6～7毫米）。

中华蜜蜂和意大利蜂不同场饲养，对盗性强和守卫能力低的蜂种进行改造。相邻两蜂场应相距2.5千米以上，忌在同一蜜源方向上已有蜂场后再进入建场。同一蜂场蜂箱不摆放过长。中蜂、意蜂混养的蜂场，秋末不得开箱和饲喂中蜂。

预防盗蜂，平时要修补蜂箱，填堵缝隙，并且做到蜜不露缸、脾不露箱、蜂不露脾，若场地上洒落蜜汁应及时用湿布擦干或用泥土掩埋，取蜜作业在室内进行，结束后洗净摇蜜机。

53 怎样制止盗蜂？

（1）保护被盗群　初起盗蜂，立即降低被盗群的巢门，然后用白色透明塑料布搭住被盗群的前后，直搭到距地面2～3厘米高处，待盗蜂消失再撤走塑料布，并用清水冲洗。

（2）处理作盗群　如果一群盗几群，就将作盗群搬离原址数十米，原位置放带空脾的巢箱，收罗盗蜂，2天后将原群搬回。如有必要，于傍晚在场地中燃火，消灭来投的盗蜂。

（3）网门防盗　用铁纱网做一个宽约7厘米（以堵住巢门为准）、高约2.5厘米、长约7厘米两端开口的筒，与巢门口相连，使蜜蜂通过纱网通道出入蜂巢。

（4）石子防盗　将石子堆放在被盗蜂群的巢门前，可干扰盗蜂视觉、恫吓盗蜂。

（5）互换箱位　将盗蜂箱与被盗箱互换位置。两群蜂箱颜色、形状和蜂王年龄须相似。

（6）诱杀盗蜂　傍晚在蜂箱前引燃自行车外胎，或在蜂箱后点燃白炽灯泡（下放水盆），消灭扑来的盗蜂。

（7）搬迁蜂场　全场蜂群互相偷抢一片混乱时，应当机立断将蜂场迁到5千米以外的地方，分散安置，饲养月余再搬回。蜂群到达新址后，门对门密集摆放蜂群，并冲洗蜂箱巢门。

防止盗蜂的方法还有很多，要根据实际情况选择合适的方法。

54 怎样饲喂蜜蜂糖浆？

学会喂蜂是养好蜜蜂的关键措施之一。

糖水比为 1∶0.7，先将 7 份清水烧开，再加入白糖 10 份，搅拌熔化，并加热至锅响为止。将糖水热度降至室温，傍晚将塑料盒置于隔板外侧，再将糖水直接注入其中。若蜂箱内干净、不漏液体，也可以将蜂箱前部垫高，傍晚时把糖浆直接从巢门倒入箱内喂蜂。喂蜂以白砂糖为宜，气味小，污染少。禁用劣质、掺假、污染的饲料。冬季和早春不宜使用果葡糖浆喂蜂。

给蜂喂糖有奖励喂蜂和补助喂蜂两种形式，每次喂蜂一般以午夜前后蜜蜂"吃"完为宜，避免发生盗蜂。

小资料：可向糖浆中加入山楂、人参、复合维生素等加强营养或帮助消化，也可加入相关药物防治疾病。用大蒜 0.5 千克压碎榨汁，加入 50 千克糖浆中喂蜂，可预防美洲幼虫腐臭病、欧洲幼虫腐臭病、孢子虫病和爬蜂病。在 1 000 毫升糖浆中加 4 毫升食醋，也可预防孢子虫病。

55 怎样进行奖励饲喂？

奖励喂蜂是以促进繁殖、采粉或取浆为目的，每天或隔天喂 1∶0.7 的糖水或更稀薄的糖水 250 克左右，以够吃不产生蜜压卵圈为宜。如果缺食，先补足糖饲料，使每个巢脾上有 0.5 千克糖蜜，再进行补偿性奖励饲养，以够当天消耗为准，直到采集的花蜜略有盈余为止。早春喂糖，如果蜂数不足，应用糖脾来调节蜂群繁殖速度。

奖励饲喂（如早春喂蜂）采用箱内放置塑料盒，一端喂糖浆，一端喂水。使用虹吸原理制成的饲喂器，将糖水置于箱外支架上，用细管导入箱内隔板外侧具有虹吸装置的容器中。该方法简便快捷，易于控制。

喂糖多少依蜂的数量确定，忌暴饮暴食。

56 怎样进行补助饲喂？

补助喂蜂是以维持蜜蜂生命为目的，在 3～4 天内喂给蜂群大量糖浆，使蜂群渡过难关。补助饲喂（如喂越冬饲料）时，采用大塑料盒，置于隔板外侧，一次喂蜂 2.5 千克左右。利用箱顶饲喂器更加方便、安全。

蜂群饲料以蜜蜂采集为主，生产时期以留蜜为主、饲喂为辅。大凡养蜂技术优秀的师傅，一般在当年最后一个蜜源花期保留继箱封盖蜜脾，作为蜂群越冬和春天繁殖饲料。

57 怎样补充花粉饲料？

喂粉是给蜂群补充蛋白质以促进其繁殖，在蜜源植物散粉前 20 天开始喂粉，到主要蜜源植物开花并有足够的新鲜花粉采进箱时为止。有花粉脾、花粉饼等。

早春喂蜂粮脾，每脾贮存蜂粮 300～350 克；取出蜂粮巢脾，在其上喷少量稀薄糖水，直接加到蜂巢内供蜜蜂取食。平常喂花粉脾，首先把花粉团用水浸润，加入适量熟豆粉（25％以内）和糖粉，充分搅拌均匀，形成松散的细粉粒；用椭圆形的纸板（或木片）遮挡育虫房（巢脾中下部）后，把花粉装进空脾的巢房内，一边装一边轻轻拂压，装满填实，然后用蜜汁淋灌渗入粉团。用与巢脾一样大小的塑料板或木板，遮盖做好的一面；再用同样方法做另一面，最后加入蜂巢供蜜蜂取食。

早春喂花粉饼，先将蜂花粉闷湿润，加入适量蜜汁或糖浆，充分搅拌均匀，做成饼状或条状，置于蜂巢幼虫脾的框梁上，上盖一层塑料薄膜（图43），吃完再喂，直到外界粉源够蜜蜂食用为止。

图43　喂花粉饼

虞美人花粉虽能促进繁殖和抵抗疾病，但它会使蜜蜂兴奋，在没有充足的新鲜花粉采进时停止饲喂虞美人花粉，否则将使蜂王的产卵量急剧下降。早春饲喂茶花花粉或低温保存的、生产期短的蜂花粉，营养较好，有利于蜂群繁殖。

58 如何喂水？

春季寒冷时在箱内喂水，用脱脂棉连接水槽与巢脾上梁，并以小木棒或秸秆作攀附物，让蜜蜂取食。每次喂水够 3 天饮用，间断 2 天再喂，水质要好。利用瓶式饮水器，亦可进行巢门喂水。

夏秋在蜂场周围放置饲水槽或挖坑（坑中铺垫塑料布，其中再放秸秆以供攀附），每天更换饮水。

蜜蜂活动季节坚持箱内喂水，可以提高产量、预防疾病。

59 如何使幼虫得到充足的蜂乳？

蜂乳（又称蜂王浆）是工蜂上颚腺和营养腺分泌出来哺育小幼虫的食物，1 只越冬工蜂在春天能养活 1.2 条小幼虫，当年新出生的 1 只工蜂能养活 3.8 条小幼虫。因此，春季蜂多于脾，夏秋蜂脾相称，才能保证蜜蜂幼虫得到充足的蜂乳食物。

60 早春须防治哪些病虫害？

早春须防治大蜂螨、白垩病、孢子虫病、麻痹病和爬蜂病等，还要预防蜜蜂营养不良。

防治大蜂螨在繁殖开始后 10 天内进行，选晴暖天气的午后，利用水剂喷雾，连续两次；或用"两罐雾化器"向箱内空处喷雾，使用时，将药液（1 份杀螨剂＋6 份煤油）加热雾化，对准箱内空间喷 3 下，关闭巢门 10 分钟。如果蜂群内已有封盖子须用螨扑防治。

使用外来花粉的须彻底消毒预防白垩病。加强早春管理预防其他疾病。

防治大蜂螨是针对上一年秋末未能彻底防治的蜂群进行补治，治螨当天温度应在 15℃以上、无风。在治螨前 1 天用糖水 1 千克喂蜂，或用 500 克糖水连喂 2～3 次，防治效果更好。

61 早春繁殖如何控制温度？

根据蜂群情况、蜜源和管理措施，繁殖期间巢脾与蜂的关系，可以蜂少于脾、蜂脾相称、蜂多于脾，这些与此后的温度、饲料等管理措施相互适应。

外保温是对上述所有蜂脾关系下进行早春繁殖的蜂群，采取人工保暖，帮助蜂群御寒。即在蜂箱箱底、左右两侧用稻草或其他秸秆包裹，覆布上盖草帘。内保温方法是在箱内隔板外空隙处，用草把或报纸包裹秸秆填实，随着蜂巢的扩大再逐渐拆除。除单脾、蜂稀少的蜂群外，蜂多于脾或蜂脾相称关系下早春繁殖的蜂群，都不能实施内保温工作。

对于弱小蜂群，可采取双群同箱饲养，分别巢门出入，达到相互取暖的目的。

巢门向南的蜂群，刮东北季风开右（西）巢门，刮西风开左（东）巢门，不能顶风开巢门。

蜂群任何时候都需要充足新鲜的空气。除单脾、蜂稀（少）和中蜂蜂群需将覆布和草帘于蜂巢上部盖严外，其他均须靠巢脾一侧折叠覆布一角透气，蜂群大折角大，使巢门和折角形成一个上下空气流通的进出口。要根据天气和管理措施，通过折角大小调节蜂箱内温度。

小资料：近年来，群众使用隔光、保温的罩衣覆盖蜂箱效果良好。罩衣由表层的银铂反光膜、红色冰丝、炭黑塑料蔽光层和红塑料透明层组成，层层透气、遮挡阳光，并可在上面洒水。其具有蔽光、保温和透气等功能，适于保持温度和黑暗，防止蜜蜂空飞，避免蜜蜂农药中毒等。早春利用罩衣保温，可以白天揭开、晚上覆盖。

保温越好，繁殖越快，往往因幼虫期间食物（蜂乳）不足，蜜蜂体质较差、易发病，要注意避免。

62 早春繁殖如何安置蜂巢？

在早春 1 只越冬蜂分泌的蜂王浆仅能养活 1 条小幼虫（蜜蜂），即 3 脾蜂养活 1 脾子，按蜂数或管理措施放脾，控制繁殖速度。

蜂多于脾繁殖，视蜂群的大小，留脾 2～3 张，蜂脾比约2：1。

即在任何天气情况下，都以蜂包住脾、在隔板外和副盖下有蜜蜂聚集为准，蜂路 1.2～1.5 厘米。蜂少于脾或蜂脾相称繁殖，蜂路 1 厘米。

所留或换入的繁殖巢脾要求一律为大糖脾，即糖占脾面积 3/4，1/4 面积留作蜂王产卵。单脾且蜂少于脾者糖占脾面需在 4/5 以上。

选留巢脾应结合早春检查、换箱进行。

63 早春单脾繁殖如何管理蜂群？

早春单脾繁殖，3 脾蜂的群势，第 1 张脾，糖足，6 天后由蜂王产满卵，于第 7 天喂蜂，喂稀糖水；如果蜂群有 2.5 脾蜂，第 8 天加脾，10 天以后再加一脾喂稀糖水；第 3 张脾于新蜂出房 10 天左右、根据天气好坏添加。以后按照正常管理，坚持双王同群饲养，不到 4 个糖脾不打蜜。9 月利用大群采菊花蜜。

单脾开始繁殖，特别要防止食物短缺，注意饲喂，防止蜜蜂饥饿。开始向蜂巢加育过几代子的黄褐色优质巢脾，外界有蜜粉源时加新脾，大量进粉时加巢础框造脾。

小资料：按照上述方法，河南省灵宝市平箱群 8 脾蜂秋繁产 7 个子，越冬 5 脾蜂，春天 3 脾蜂，2 月 20 日前后繁殖。箱内糖多喂稀糖，促进产卵，巢门喂水。4 月 20 日上继箱，5 月采刺槐蜜。如果早春 1 脾蜂繁殖，只能赶枣花（花期 6 月），2 脾蜂繁殖可以采刺槐（花期 5 月上旬），3 脾以上群势能够生产苹果（花期 4 月中下旬）蜂蜜。

64 早春蜂多于脾如何管理蜂群？

在湖北、河南、四川放蜂，场地要求向阳、通风、干燥；蜂箱前低后高、左右平衡。

（1）繁殖时间　要求白天气温稳定在 8℃（蜜蜂飞翔）以上，一般在 1 月下旬至 2 月雨水节气时，根据蜜源（地区）状况，视天气好坏提前或延后。

（2）蜂脾比例　视蜂群大小，留脾2～3张，蜂脾比约2:1。无论在何种天气情况下，都以蜂包住脾、在隔板外和副盖下有蜜蜂聚集为准，蜂路控制在1.2～1.5厘米。

（3）通风与保温　巢门宽扁，将覆布折叠一角与巢门结合保证空气流通；用稻草将箱底、箱侧围住，副盖上盖一层覆布、一个草衫进行保温。以糖足蜂、保证幼虫蜂乳供给和所需要的生长发育温度。

（4）饲喂花粉时间　从蜂王产卵开始，到外界花粉充足为止。所喂花粉以上年9月及以后生产或冷库保存的花粉为宜。坚持箱中喂水。

（5）奖励喂糖时间　根据管理措施和蜂群食物多少，在繁殖开始1周后或在新蜂出房1周后进行，糖水比1:0.7。

（6）扩巢方法　加脾方法是在原繁殖脾新蜂羽化出房7天左右（即开始繁殖30天），根据蜂数添加第一张脾（如有寒潮延迟加脾），并在这张脾封盖子达到2/3后加第二张脾，直到油菜开花泌蜜后再扩大蜂巢；添加继箱在油菜开花泌蜜1周后进行，此时巢箱有4～5张脾，继箱一次加4张空脾；油菜泌蜜盛期，副盖中间横梁有赘脾、蜂稠，即可生产蜂蜜，在继箱加1张脾供贮蜜，1周后在巢箱加巢础1张，直到油菜花期结束，上下箱体各保持5～6张脾；油菜花期结束转移蜂场时视情况往继箱加1张巢脾、巢箱加1张巢础，之后在蜜蜂活动季节保持上6脾、下6脾；用巢础框更换巢箱巢脾，多余旧脾提出化蜡，一般不上下调脾（以蜂蜜生产为主的蜂群）。油菜花后期停止蜂蜜生产，保留一箱蜂蜜，在刺槐开花时再一次摇出。

根据上述管理，越冬蜜蜂能够参加采集油菜花蜜，提高产量。

65 早春蜂脾相称如何管理蜂群？

早春蜂脾相称繁殖，要求蜂群食物充足，不必进行保温，饲喂花粉和水，不喂糖水，不加巢脾，待主要蜜源花开时上继箱投入生产。

66 什么时间开始加脾、加础好？

按蜂加脾，原则是开始繁殖时蜂多于脾，繁殖中期蜂脾相称，繁殖盛期蜂略少于脾，生产开始时蜂脾相称。前期加脾要稳，新老蜜蜂交替时期要压，发展期要快，群势达到8框足蜂时即可撤保温物上继箱。按照单脾、蜂多于脾、蜂脾相称和单脾蜂稀的各种繁殖方法，安排加脾时间。此外，还要注意以下几点。

繁殖扩巢，早春寒潮时间不加脾、蜂稀不加脾、子脾不成不加脾。单脾蜂稀，只能等到蜂数足1.5脾以上且天气良好才可加脾。蜂脾相称或满箱脾繁殖，只等花开生产时添加继箱扩巢。早期、阴雨连绵或饲料不足时加蜜粉脾，蜜多加空脾。

控制繁殖速度，第一批子一定要慢，确保一蜂一子繁殖，采取蜂密集、大糖脾、降温度等措施进行控制。

早春所加巢脾，不得将蜜盖割开。

67 春季何时培养蜂王？

管理蜂群有一半工作是管理蜂王。防止分蜂、维持强群、预防遗传性疾病，都与蜂王年轻与否、交配受精、遗传特性等有关，如果措施得当，可以减少许多劳动，节省大量时间，还可提高产量。在养蜂生产中，提早育王，长期坚持选育，是解决上述问题、提高生产效率的方法。

每年定时在第一个主要蜜源花期（如油菜、泡桐）培养蜂王，刺槐开花前更新蜂王，刺槐花期开始蜂王产卵，不但可以提高产量，此后工作中基本不用考虑自然分蜂等问题，仅需根据箱外观察和产量判断蜂王质量并确定是否需要更换蜂王。春季培养蜂王，要求在每群蜂上下箱体安装王台，保证新王成功率为现有蜂群数的125%，及时淘汰个体小、产量低、抗病差的蜂王。工作流程包括准备雄蜂→选择母群→移虫→哺育王台→组织交配→导入王台→蜂王交配→蜂王产卵→导入生产蜂群。

小资料：60群以上的蜂场，种王以自选为宜，也可引进良种杂交，可迅速提高产量。

68 **如何安排春季生产？**

春季当蜂群发展到 5～6 框蜂时即可生产花粉，要预防粉压子圈；结合扩巢加础造脾。蜂群发展到 8 框以上，可开始生产王浆；在植物大流蜜时停止脱粉，开始生产蜂蜜，直到全年蜜源结束为止。养蜂生产，在河南一般从 4 月初开始，长江流域及以南地区 3 月开始，东北椴树蜜生产在 7 月进行。

如果春季蜂群发展不平衡，群势大小不一，而且距离生产还有一段时间，要根据蜜源情况，及时将强群中有新蜂出房的老子脾带蜂补给弱群，将弱群中的卵虫脾调给强群，以达到预防自然分蜂、共同发展的目的。调子调蜂以不影响蜂群发展、不传播疾病和蜂能护子为原则。

小资料：根据气候和蜜源特点，养蜂生产时间南长北短，北方蜂群早春到南方繁殖，再从南方一路向北赶花期，可以增加生产时间，提高效益。我国转地放蜂生产，是既弥补一地蜜源不足，又延长生产的具体表现。

69 **长期寒潮如何管理蜂群？**

低温寒流超过 7 天即是灾害天气，灾害天气条件下蜂群繁殖应采取如下措施。

（1）疏导　适时掌握天气情况，利用有限的好天气条件（10℃以上），饲喂稀薄糖水促蜂排泄。

（2）控制繁殖——降温　撤去保温包装物，折叠覆布，增加通风面积，降低巢温使蜜蜂安静。如果箱内有水，蜜蜂还要飞出蜂箱，则开大巢门，继续降低巢温，直到蜜蜂不再活动为止。

（3）控制饲料　如果蜂群中糖饲料充足，就不喂蜂。如果缺糖，饲喂贮备的糖脾。如果没有糖脾，可将蜂蜜对 10%～20% 的水并加热，然后用棉布包裹置于框梁喂蜂。如果既没有糖脾也没有蜂蜜，可喂浓糖浆，糖水比为 1：（0.5～0.7），加热使糖粒完全溶解，再降温至 40℃ 左右灌脾喂蜂。喂糖浆时，可在糖浆中加入 0.1%～0.2% 蔗糖酶或 0.1% 酒石酸（或柠檬酸），防止糖浆在蜂房中结晶。

蜂巢中若有较充足的花粉，采取既不抽出也不饲喂的措施；如果蜂群缺粉要喂花粉饼，至蜜蜂停止取食时停喂。

保持蜂群饮水充足。

小资料：喂糖注意一次喂够，不得连续饲喂、多喂，以够维持生命为限；喂蜂时，不得引起蜜蜂飞翔。

70 短期寒流如何管理蜂群？

早春繁殖时期，连续低温如果不超过 4 天，就多喂浓糖浆；如果在 4～7 天，就不喂蜂。其他管理措施同"69. 长期寒潮如何管理蜂群？"。

低温天气是指蜜蜂不能正常飞行的天气条件，7 天以内可视为短期寒流，超过 7 天即为长期寒流。

71 夏季如何选择放蜂场地？

夏季放蜂场地应选择干燥、通风、遮阳的地方，避开风口、水口、低洼的地方。蜂场不宜太挤，蜜源要丰富。对不施农药、没有蜜露蜜的蜜源可选在蜜源的中心地带，季风的下风向，如刺槐、荆条、椴树、芝麻等。林区场地蜂路须开阔，荆条花期宜选林少的山地放蜂，一般海拔高度不宜超过 900 米。对缺粉的主要蜜源花期，场地周围应有辅助粉源植物开花。抗虫棉泌蜜减少、施用药物和激素的蜜源对蜜蜂采蜜和繁殖都有影响。

河床、河滩和水泥沥青地面不得放置蜂群，不在蜂群过于密集的地方放蜂，夜晚没有灯光照明、不卫生、敌害严重、治安不好、人畜密集的地方不得放置蜂群。

夏季虽然炎热，但放置蜂群也要保证白天有几个小时阳光照射，终日在阴影下对蜂群和生产都不利。

72 夏季怎样保持蜂群群势？

长江以北地区，蜂群经过繁殖达到 4 万只蜂，枣树、芝麻、荆条、椴树、棉花、草木樨、酸枣、向日葵等开花流蜜，这一阶段新蜂不断更换老蜂，并达到一个动态平衡，这一时期蜂群管理的任务是维持群势和促进蜜蜂积极工作。蜂群管理措施主要有：选择蜜源丰富的地方放蜂，预防水淹，遮阳但不要太过阴冷，保持正常通风；生产蜂蜜须留蜜脾，后期贮藏饲料，常年保持蜂群食物充足；6 月荆条花期育王，更新老劣蜂王；刺槐花期后补治大蜂螨，6 月上旬防治小蜂螨，预防农药中毒；蜂脾比例保持蜂略多于脾，巢箱 6 脾（生产蜂蜜蜂场）或双王 8 脾（产浆蜂场），适当放宽蜂路；蜜源丰富适当造脾，蜜源缺少抽出新脾；做好蜂群遮阳防暑、降温增湿工作，加宽巢门，盖好覆布，无树林遮阳的蜂场，可用黑色遮阳网或将秸秆树枝置于蜂箱上方，阻挡阳光照射；依群势进行繁殖，蜜源丰富适当加础造脾，蜜源缺少抽出新脾。如果遭遇花期干旱等造成流蜜不畅，蜂群繁殖区要少放巢脾，蜂数要足，及时补充饲料。新脾抽出或靠边放。

长江以南地区，夏季气温高、持续时间长，多数地区蜜粉源稀少，蜂群繁殖差甚至中断繁殖。这些地区夏季繁殖以更新蜜蜂越过夏季为目的。也有部分地区，蜜源丰富，可繁殖、生产兼顾。无论更新蜜蜂、断子或繁殖生产，都要给蜂群遮阳、喂水，保持食物充足，清除胡蜂，防止盗蜂、中毒，合并弱群，防治蜂螨。

73 蜂群如何安全越夏？

每年 7～9 月，在我国广东、浙江、江西、福建和海南等省，长期高温，蜜粉源枯竭，敌害猖獗，蜜蜂活动减少，蜂王产卵量下降甚至停产，群势逐日下降，为蜂群越夏期。

（1）越夏前的工作

①更换老劣王，培育越夏蜂。此前 1 个月，养好一批王，产卵 10 天后诱入蜂群，培育一批健康的越夏蜜蜂。

②保证饲料充足。进入越夏前，留足饲料脾，每框蜂需要2.5千克糖浆，不够的补喂。

③调整蜂群群势。越夏蜂群中蜂3框以上、意蜂5框以上，不足的调用强群子脾补够，弱群予以合并。提出多余巢脾，达到蜂脾相称。

④防病、治螨。在早春繁殖初期防治蜂螨，在越夏前利用换王断子的机会再进行防治。

（2）越夏期的管理

①选择场地。选择芝麻、乌桕、玉米、窿缘桉等蜜粉源较充足的地方放蜂，尽量避免越夏不利因素；或选择海滨、山林和深山区度夏，场地应空气流通、水源充足。

②放好蜂群。把蜂群摆放在排水良好和阴凉的树下，蜂箱不得放在阳光直射下的水泥、沙石和砖面上。

③通风遮阳。适当扩大巢门宽度和蜂路，掀起覆布一角，但勿打开蜂箱的通气纱窗。

④增湿降温。在蜂箱四周洒水降温，空气干燥时副盖上可放湿草帘，坚持喂水。

⑤控制繁殖。在越夏期较短的地区，可关王断子，有蜜源出现后奖励饲养进行繁殖；在越夏期较长的地区，适当限制蜂王产卵量，但要保持巢内有1~2张子脾、2张蜜脾和1张花粉脾，饲料不足须补充。

⑥适当生产。在有辅助蜜源的放蜂场地，无明显的越夏期，应奖励饲喂，以繁殖为主，兼顾王浆生产。繁殖区不宜放过多的巢脾，蜂数要充足。生产蜂群使用新王，用隔王板将蜂王限制在固定的区域内（如巢箱）产卵，尽量缩短生产操作时间。

（3）越夏后的繁殖　炎热天气过后，外界蜜源植物开花，蜂王产卵，蜂群开始秋繁，这一时间的管理是做好抽脾缩巢、恢复蜂路、喂糖补粉、防止飞逃等工作，为生产冬蜜做准备。

蜂群越夏"九防"措施包括防盗蜂（减少开箱次数，开箱检查在每天的早晚进行，巢门高度以7毫米为宜，宽度按每框蜂15毫米累计），防烟熏和震动，防胡蜂，早晚防青蛙和蟾蜍，防止蚂蚁进入蜂箱，预防滋生巢虫，防止暴发蜂螨，预防农药中毒，预防水淹蜂箱。

74 夏季需防治哪些病虫害？

（1）小蜂螨　定地和小转地养蜂在6月防治。转地放蜂，柑橘花后、荆条花前、8月防治。

（2）欧洲和美洲幼虫腐臭病　把感染病群搬走，原位放置健康巢脾和无菌蜂箱，再将原病蜂王捉住放入，将原病群蜜蜂轻轻抖落于巢门前，要求脾少、蜂多，最后用抗生素喂蜂或喷脾治疗。

（3）白垩病　要求通风透气，巢门开大一点，覆布折叠一角，蜂箱前低后高，经常打扫蜂场，保证食物充足，减少开箱次数。

（4）爬蜂病　保持蜂群蜂脾相称或蜂略多于脾，做好遮阳工作，保证食物充足优质，防止污染，开门运输蜂群时防止热蜂。

75 炎热天气需要打开大通气孔吗？

纱窗副盖、前后通气纱窗、大盖通风窗口等，都是大通气孔。在炎热的夏季，一般这些大通气孔，不需要打开（除非运输），折叠覆布一角，配合大开巢门即可，蜂群可自行调节巢温。

如果打开大通气孔，蜂群将有排不完的热气。

76 什么是分蜂热？

蜂群在酝酿自然分蜂的过程中，工蜂怠工、蜂王产卵减少，这个现象就是分蜂热。分蜂会削弱群势，从而影响生产，分出的蜜蜂有时还会丢失。因此在饲养管理中，要尽量避免自然分蜂的发生。

每年春末中蜂有4～5框子脾、意蜂有7～8框子脾时就会发生分蜂。

77 如何预防分蜂？

防止分蜂的积极措施有：

（1）更新养王　早春育王，更新老王，可基本保证当年蜂群不再发生分蜂；平常蜂场保持3～5个养王群，及时更换劣质蜂王；在炎热的地区，采取一年换王两次的措施，有助于维持强群，提高产量。

（2）积极生产　及时取出成熟蜂蜜，进行王浆、花粉生产和造脾。

（3）控制群势　在蜂群发展阶段，抽调大群的封盖子脾补助弱群，将弱群的小子脾调给强群。

（4）扩巢遮阳　随着蜂群长大，适时加脾、叠加继箱和扩大巢门，有些地区或季节蜂箱巢门可朝北开，将蜂群置于通风的树荫下，供水降温，给蜂群创造一个舒适的生活环境。

小资料：强、弱群调换大、小子脾，要以不影响蜂群在主要蜜源期生产为原则。

78 怎样制止分蜂？

（1）更换蜂王　蜂群在蜜源流蜜期发生分蜂热时，当即去王和清除所有封盖王台，保留未封盖王台，在第7～9天检查蜂群，选留1个成熟王台或诱入产卵新王，毁尽其余王台。

（2）交换蜂王　在外勤蜂大量出巢之后，把有新蜂王的小群的蜂王先保护起来，再把该群与有分蜂热的蜂群互换箱位；第二天，检查蜂群，清除有分蜂热蜂群的王台，给新王小群调入适量空脾或分蜂热群内的封盖子脾，使之成为一个生产蜂群。

（3）剪翅、除台　在自然分蜂季节里，定期检查蜂群，清除分蜂王台，或将已发生分蜂热蜂群的蜂王剪去其右前翅的2/3（图44）。

剪翅和清除王台只能暂时防止蜂群发生分蜂和不丢失蜂王，但不能解除分蜂热。

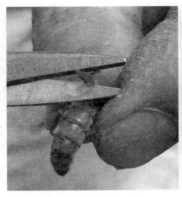

图 44　蜂王剪翅
（张中印　杨萌　摄）

79 怎样人工分蜂？

人工分蜂是根据蜜蜂的生物学习性，有计划、有目的地在适宜的时候增加蜂群数量，扩大生产，或避免自然分蜂。人工分蜂的方法主要有强群平分法、强群偏分法等。

（1）强群平分法　将原群蜜蜂蜂箱向后移 1 米，取两个形状和颜色一样的蜂箱，放置在原群蜂箱巢门的左右，两箱之间留 0.3 米的空隙，两箱的高低和巢门方向与原群相同；然后把原群内的蜂、卵、虫、蛹和蜜粉脾分为相同的两份，分别放入两箱内，一群用原来的蜂王，另一群在 24 小时后诱入产卵蜂王。分蜂后，外勤蜂飞回找不到原箱时，会分别投入两箱内；如果蜜蜂有偏集现象，可将蜂多的一群移远点，或将蜂少的一群向中间移近一点。

强群平分，能使两群都有各龄蜜蜂，各项工作能够正常进行，蜂群繁殖也较快。适宜在距主要蜜源开花 50 天左右时进行。

（2）强群偏分法　从强群中抽出带蜂和子的巢脾 3～4 张组成小群，如果不带王，则介绍一个成熟王台，成为一个交尾群。如果小群带老王，则给原群介绍一只产卵新王或成熟王台。

分出群与原群组成主、副群饲养，通过子、蜂的调整，进行群势的转换，以达到预防自然分蜂和提高生产的目的。

（3）多群分一群　选择晴朗天气，在蜜蜂出巢采集高峰时，分别从超过10框和7框子脾的蜂群中，各抽出1～2张带幼蜂的子脾，合并到一只空箱中。次日将巢脾并拢，调整蜂路，介绍蜂王，即成为一个新蜂群。

这个方法多用于大流蜜期较近时分蜂。因为是从若干个强群中提出蜂、子组织新分群，故不影响原群的繁殖，并有助于预防分蜂热的发生；在主要流蜜期到来时新分群能壮大起来，达到促进繁殖和增产增收的目的。

（4）双王群分蜂　在距主要蜜源开花期较近时，按偏分法进行，仅提出两脾带蜂带王、有一定饲料的子脾作为新分群，原箱不动变成一个单王蜂蜜生产群。在距主要蜜源开花期50天左右，可采取平分法。

以分蜂扩大规模的蜂场，当年采取早养王、早分蜂措施，效果更好。

80 如何管理新分蜂群？

新分群以幼蜂为主，第二天介绍产卵蜂王或成熟王台。有处女王的新分群位置要明显，新王产卵后须有3框足蜂的群势，保持蜂脾相称或蜂略多于脾。将蜂少的新分群卵脾提到大群哺育，随着群势的发展，适时加础造脾。饲料须充足，不够要补喂。防治蜂螨，预防盗蜂。

81 北方蜂群如何繁殖越冬蜜蜂？

北方养蜂，每年最后一个蜜源开花中期（8月）以繁殖适龄越冬蜂为主，部分山区兼顾培育野菊花蜜源采集蜂。此时蜜源主要有葎草、冬瓜、栾树、荆芥、茵陈、菊花、辣椒等。

繁殖越冬蜂时间各地不一，同一地区平原较早、山区稍晚。以河南为例，繁殖越冬蜂时间从8月下旬开始，平原地区9月20日前后结束，山区稍晚。

繁殖越冬蜂主要工作：

①调整蜂巢，一般继箱蜂群上 5 脾、下 5～6 脾，单箱蜂群 8 脾。

②防治蜂螨，结合 7 月或 8 月育王断子治螨，或挂螨扑防治。

③备好饲料，包括蜜蜂冬季和春季繁殖期食用的饲料。

④奖励饲喂，每天喂蜂多于消耗，喂到 9 月底结束（子脾全部封盖），同时注意防止蜜压卵圈或粉压卵圈。

⑤适时关王，越冬蜂繁殖约 20 天后，及时用王笼将蜂王关闭起来，吊于蜂巢前部，或使用节育套控制蜂王产卵，淘汰老劣蜂王。

⑥冬前治螨。

⑦减少空飞，喂足越冬饲料后，如果条件允许，及时把蜂群搬到阴凉处，巢门转向北方，折叠覆布，放宽蜂路，减少蜜蜂活动。或者将秸秆盖在蜂箱上，对蜂群进行遮阳避光处理。

养蜂场地要避风防潮，注意防火。

82 南方蜂群如何繁殖越冬蜜蜂？

南方蜂群越夏以后，即进入秋季繁殖时期，一方面繁殖秋季和冬季蜜源采集蜂，另一方面兼顾培育适龄越冬蜂，其工作主要有抽脾缩巢、防治蜂螨、奖励饲喂等，具体参考春季繁殖进行。

83 怎样储备蜂群越冬饲料？

继箱繁殖，8 月底喂至七八成饱，奖励饲喂结束时喂足；单箱繁殖，在子脾将出尽时喂足，或新蜂全部羽化时换入饲料脾。

实践证明，1 脾越冬蜂平均需要糖饲料，在东北和西北地区 2.5～3.5 千克，华北地区 2～3 千克，转地蜂场或南方蜂场 1～1.5 千克，同时须贮存一些蜜脾，以备急用。

越冬小糖脾是在喂越冬饲料时缩小蜂路，使整个蜜脾封盖。

84 秋末冬初怎样防治病虫?

秋末冬初危害蜂群的潜在敌害是大蜂螨,彻底防治大蜂螨,是蜂群安全越冬的一个必要条件。防治大蜂螨的时间选在工蜂全部羽化出房后、白天气温20℃以上时进行。使用水剂喷雾防治,间隔2天,连续2次。

秋末断子防治蜂螨效果好、较省工。

85 怎样做好南方秋冬生产蜂群管理?

长江以南各省、自治区,冬季温暖并有蜜源植物开花,是生产冬蜜的时期,只在1月份蜂群才有短暂的越冬时间。南方秋冬蜜源主要有茶树、柃、野坝子、枇杷、鹅掌柴(鸭脚木)等,可生产商品蜜和花粉,促进繁殖;在河南豫西南山区,10~11月能够生产菊花蜂蜜。南方秋冬蜜源花期,气温较低,昼夜温差较大,时有寒流,有时阴雨连绵,要特别注意蜂群的管理。

蜂群管理主要措施:

①选择背风、向阳、干燥的地方放置蜂群,避开风口。

②淘汰老劣蜂王,合并弱群,适当密集群势。采取强群生产、强群繁殖,生产与繁殖并重的措施。流蜜前期,选择晴天中午取成熟蜜;流蜜中后期,抽取蜜脾,保证蜂群越冬及春季繁殖所需饲料。在茶树花期,喂糖水,脱花粉、取王浆。

③对弱群进行保温处置,在恶劣天气要适当喂糖喂粉,促进繁殖,壮大群势,积极防治病、虫和毒害,为越冬做准备。

小资料:河南省南阳市采取当年强群10~11月采集野菊花蜜,强群繁殖越冬蜂。平箱群,8脾蜂7脾子,越冬5脾蜂;翌年春天3脾蜂,2月20日前后繁殖,箱内蜜多喂稀糖,促进产卵,巢门喂水,4月20日上继箱,5月采刺槐蜜。

86 什么是蜂群越冬?

在冬季,蜜蜂停止巢外活动和巢内产卵育虫工作,结成蜂团,处于半蛰居状态，以适应寒冷漫长气候的状态。

我国北方蜂群越冬时间长达 5～6 个月，南方仅有 1 个月的短暂越冬期，在海南、广东和广西无越冬期。

87 蜂群安全越冬须具备哪些条件？

蜂群安全越冬须有充足优质的饲料、品质良好的蜂王、健康的工蜂和一定的群势，以及安静的环境。

88 怎样选择越冬场所？

我国蜂群越冬场地有室外、室内两种。室外场地应背风、向阳、干燥和卫生，在一日之内需有足够的阳光照射蜂箱，场所要僻静，周围无震动、声响（如不停的机器轰鸣、高音喇叭）。室内场所须房屋隔热、空气畅通，温度和湿度相对稳定，黑暗、安静；室内越冬禁关巢门，以恒温室内越冬为佳，但要注意进行放蜂排泄。

室外越冬的优点是简便易行、投资较少，适合我国广大地区；缺点是越冬蜂群受外界天气变化的影响较大，蜜蜂损失多。室内越冬的优点是可人工调节环境，管理方便，节省饲料，群势变化不大，适合东北、西北等严寒地区，把蜂群放在室内或窑洞中越冬比较安全。在华北地区，蜂群在恒温室内越冬，可延长蜜蜂寿命、减少死亡、节省饲料。

89 如何布置越冬蜂巢？

越冬巢脾选黄褐色；越冬蜂脾关系要求弱群蜂脾相称或蜂略多于脾，强群蜂少于脾；脾间蜂路设置 15 毫米左右。群势要求北方蜂群 5 脾以上，长江中下游地区超过 2 框蜜蜂。根据以上要求，抽脾工作选在蜜蜂白天尚能活动、早晚处于结团状态时进行。

单群平箱越冬，蜂数多于 5 脾，脾向箱侧靠，中间放整蜜脾，两侧放半蜜脾；若均为整蜜脾，则应放大蜂路，靠边的糖脾要大。双群同箱越冬，蜂数不足 5 脾，把半蜜脾放在闸板两侧，大蜜脾放在半蜜脾外侧。双箱体越冬，上下箱体放置相等的脾数，例如，有

8脾蜂的蜂群，上下箱体各放（保留）6张脾，巢脾都向一侧放置或都摆放于中间，蜂脾相对，上箱体放整蜜脾，下箱体放半蜜脾。双王群双箱体越冬，继箱蜜脾都向中间靠拢。

90 **南方蜂群如何进行越冬？**

自然情况下，南方蜂群没有明显的越冬期，人工饲养为了生产需要，蜂群被强制越冬，其管理要点是：

①关王、断子。蜂群越冬之前，把蜂王用王笼关起来，强迫蜂群断子45天。

②喂足糖饲料，抽出花粉脾。

③防治蜂螨。待蜂巢内无封盖子时防治蜂螨，治螨前的1天给蜂群饲喂，提高防治效果。

④布置蜂巢，大糖脾在外，小糖脾在内。

⑤促使蜜蜂排泄。在晴天中午打开箱盖，让太阳晒暖蜂巢引导蜜蜂飞行排泄。

⑥越冬场所。在室外越冬的蜂群，选择阴凉通风、干燥卫生、周围2千米内无蜜粉源的场地摆放蜂群，并给蜂群喂水；有条件的蜂场，可用遮光保温棚布白天盖蜂，晚上掀开覆布降温（图45）。在室内越冬的蜂群，白天关闭门窗，晚上打开通风，保持室内黑暗和干燥。

图45　湖北示范蜂场蜂群越冬

小资料：南方蜂群越冬，掀开覆布，降低温度。

91 **北方室外越冬怎样保温？**

（1）保温处置　蜂群正常摆放场地，在长江以北及黄河流域，冬季最低气温−20～−15℃的地方，可用干草、秸秆把蜂箱的两侧、后面和箱底包围、垫实，副盖上盖草帘。冬季最低气温在

－15℃以上的地区，不对强群保温（群势须达到5脾足蜂）；弱群适当进行保温。

东北、西北高寒地区，冬季气温低于－20℃，蜂箱上下、前后和左右都要用枯草等包围覆盖，巢门用∩形桥孔与外界相连，并在御寒物左右和后面砌∩形围墙。

（2）堆垛保蜂　蜂箱集中在一起成行堆垛，垛之间留通道，箱体背对背，巢门对通道，以利管理与通气。然后在箱垛上覆盖帐篷或保蜂罩：夜间温度－15～－5℃时，用帐篷盖住箱顶，掀起周围帆布；夜间温度－20～15℃时，放下周围帆布；夜间温度－20℃以下时，四周帆布应盖严，并用重物压牢。在背风处保持篷布能掀起和放下，以便管理，篷布内气温高于－5℃时要进行通风，"立春"后撤垛。

（3）开沟放蜂　在土壤干燥的地区，按20群一组挖东西方向的地沟，沟宽约80厘米、深约50厘米、长约10米，沟底铺一层塑料布，其上放草10厘米厚，把蜂箱紧靠北墙置于草上，用横杆支撑在地沟上，上覆草帘遮蔽。通过掀、放草帘，调节地沟的温度和湿度，使其保持在0℃左右，并维持沟内的黑暗环境。

无论怎样保温处置，蜂巢上下都需要空气流通，并有一定空间。越冬期间，将覆布折叠一角留作通风，箱内空间大应缩小巢门，箱内空间小则放大巢门，保持蜂巢上下通气。

92 北方室外越冬有哪些管理要点？

室外越冬蜂群要求蜂团紧而不散，不往外飞蜂，寒冷天气箱内有轻霜而不结冰。对有"热象—散团"的蜂群，开大巢门，必要时撤去上部保暖物，待降温后再逐渐覆盖保暖物。

①防老鼠。把巢门高度缩小至7毫米，使鼠不能进入。如巢前发现有腹无头的死蜂，应开箱捕捉老鼠，并结合药饵毒杀。

②防火灾。包围的保暖物和蜂箱、巢脾等都是易燃物，要预防火灾，越冬场所要远离人多的地方，做到人不离蜂。

③防闷热。室外越冬蜂群的御寒物包外不包内，保持巢门和上通气孔畅通。定期用√形钩勾出蜂尸和箱内其他杂物。大雪天气，

及时清理积雪。堆垛和开沟放置蜂箱时，根据气温高低，通过掀、盖棚布和草帘调节棚内和沟中温度。

④防饥饿。受饥饿的蜂群，尤其是饿昏被救活的蜂群，蜜蜂寿命会大大缩短。蜂群越冬期间，不得反复开箱查看。

⑤蜂群无论在室外或在室内越冬，尽可能遮蔽光线，减少刺激，预防飞出的蜜蜂被冻死。

⑥防偷盗。

93　北方室内越冬有哪些管理要点？

越冬室要求保暖好，温差小，防雨雪，温度、湿度、通风和光线能调，最好加装空调机或排风扇。

搬蜂入室时间以水面结冰、阴处冰不融化时为准，如东北地区11月上中旬、西北和华北地区11月底进入，在早春外界中午气温达到8℃以上时即可出室。蜂箱摆放在越冬室距墙20厘米处，搁在40～50厘米高的支架上，叠放继箱群2层或平箱3层，强群在上，弱群在下，成行排列，排与排之间留80厘米的通道，巢口朝通道以方便管理。利用空调机控制越冬室内温度在−2～4℃，相对湿度75％～85％。

入室初期白天关闭门窗，夜晚敞开室门和风窗，以便室温趋于稳定。开大巢门、折叠覆布，立冬前后或12月中下旬，中午温度高时将蜂箱搬出室外让蜜蜂进行排泄；检查蜂群，抽出多余巢脾，留足糖脾。室内过干可洒水增湿，过湿则增加通风排除湿气，或在地面上撒草木灰吸湿，使室内湿度达到要求。

蜂群进入越冬室后要保持室内黑暗和安静，要经常扫除死蜂、污物。

室内越冬的关键是严格控制越冬室内的温度、湿度和保持环境黑暗。

94　寒冷天气蜂群需要通气吗？

无论天热天冷、何时何地，西方蜜蜂蜂群都需要新鲜和充足的空气。因此，保持蜂巢上下空气流通非常必要。在生产管理上，根据季节、蜂群大小，通过巢门大小和折叠覆布一角来调节蜂巢中空气流通量。

西方蜜蜂蜂群在蜂巢空气不流通时易患白垩病。中蜂除运输外，其他时间可盖严覆布。

95 什么是单王群？有何特点？

一群蜂中只有1只蜂王，即是单王蜂群，也是自然种群标准。在生产上，单王蜂群的管理比较简单，适宜生产蜂蜜。

96 什么是双王群？有何特点？

一群蜂中有2只蜂王，即是双王蜂群。这是在人为干预下采取隔离措施，使蜂王不碰面，一群工蜂同时侍候2只蜂王。

在生产上，双王蜂群的管理比较烦琐，要求蜂王同龄，适宜生产蜂王浆和蜂花粉，也能生产蜂蜜，繁殖相对较快。

97 什么是多王群？有何特点？

一群蜂中有3只及以上的蜂王，多数为5～6只，即是多王蜂群。这是在人为干预下，采取剪掉上颚、螫刺端部等攻击器官的措施，使蜂王之间和平相处，同在一张巢脾上产卵，得到工蜂的共同服务。

目前，在生产管理上，多王群仅用于蜂王浆的生产，以在短时间内提供日龄一致的卵虫；今后，多王群可望在蜂王浆机械化生产中发挥重要作用。

多王群在越冬或运输期间，个别蜂王会丢失。

98 什么是单箱体养蜂？

利用一个箱体饲养蜂群，管理简单，运输蜂群方便，适合蜂蜜、花粉生产（图46）。例如，从前采用十六框蜂箱或二十四框蜂箱等进行的单箱体养蜂，现在单箱体养蜂多数利用十二框蜂箱和十框蜂箱。

图 46　东北黑蜂单箱体饲养
（朱志强　摄）

99 单箱体养蜂管理要点有哪些？

单箱体养蜂的重点是根据每一个蜜源的花期和泌蜜情况制定生产和蜂群繁殖计划。蜜源植物流蜜期到来时，利用立式隔王板，适时控制蜂王产卵，腾出巢房集中生产，提高产量，达到利润最大化。其他如蜂群繁殖、病害防治、蜂王更新、人工分蜂、越冬等，与双箱体的管理相似。

小资料：单箱体养蜂可多分蜂、卖蜂、授粉。

100 什么是双箱体养蜂？

利用两个箱体饲养蜂群，是我国普遍采用的饲养方法（图47）。一般是单箱体越冬，春季蜂群发展到8框蜂、4框子以上时，添加继箱进行生产。该方法管理方便，生产效率高，产品种类多。

图 47　意大利蜂双箱体养蜂

小资料：双箱体养蜂理想的模式是在晚秋有 8 框蜂以上，双箱体越冬，双箱体生产。

101 双箱体养蜂管理要点有哪些？

双箱体养蜂比较灵活，根据饲养方式（定地饲养还是转地放蜂）、生产要求（以产蜜为主还是以采浆为主，或蜜浆兼顾）、所采主要蜜源植物进行管理。一般是前期利用小蜜源繁殖，后期添加继箱利用大蜜源生产，蜂王在巢箱中产卵，人工生产在继箱中进行，其产品质优量高。

双箱体养蜂，统一时间上下箱体，分装王台，培育、更换蜂王，按时防治蜂螨，提早饲喂越冬饲料或秋季贮存冬季饲料，开门运输蜂群，蜂脾关系保持蜂略多于脾或蜂脾相称，繁殖遵照有多少蜂养多少幼虫的原则。

双箱体养蜂是我国蜜蜂饲养的主流模式。

102 什么是多箱体养蜂？

多箱体养蜂是全年采用 2~3 个箱体作为蜂王产卵、蜂群育虫和储存饲料之用，在流蜜期到来时加储蜜继箱的饲养方式。这是国外先进国家机械化、规模化养蜂生产普遍采用的方法。在蜂群管理上以箱体为操作单位，简便省工，能显著提高劳动生产率和蜂蜜质量，并且有利于饲养和保持强群（图48）。

图 48　多箱体养蜂
（叶振生　摄）

采用多箱体养蜂必须使用活箱底蜂箱，以便于各个箱体互换位置，必须有大量的巢脾和充足的饲料储备，开始投资较大。在我国，较大的蜂场中可分出部分蜂群以这种蜂群管理方式进行试养。

103 多箱体养蜂管理要点有哪些？

（1）双箱体越冬　晚秋准备进行蜂群越冬时，蜂群需有7框以上蜜蜂、20～25千克饲料的蜜脾、2～3框花粉脾。布置蜂巢时采用两个箱体，将70%的蜜脾和全部花粉脾放在上箱体（继箱）里，从两侧到中央依次放整蜜脾、花粉脾、半蜜脾；30%的蜜脾、蜂王和子脾放在下箱体（巢箱）。如果采用3个箱体越冬，将50%的蜜脾和全部花粉脾放在最上面的第三箱体，30%的蜜脾放在中间箱体，20%的蜜脾、蜂王和子脾放在最下面的箱体。随着饲料的消耗，越冬蜂团逐渐向上移动，越冬期蜂团通常处于两个箱体之间。早春，蜂王大多在上箱体内开始产卵，子脾位于上箱体。

（2）蜂群的检查　只在春季蜂群已经恢复采集活动时、转地饲养前后、布置越冬蜂巢时以及对个别发生分蜂热的蜂群，进行逐脾的全面检查，平时只做局部的快速检查和箱外观察。从上箱体的育虫区提出1～2框子脾，根据蜂子是否存在及其数量，判断蜂王是否存在及其质量；从上箱体的后面把箱体掀起，向巢脾喷一些烟，从下面查看子脾边缘是否有王台，判断是否发生分蜂热；根据箱体的重量，判断巢内饲料的余缺。

（3）调整育虫箱　多箱体蜂群的管理不是以巢脾为单位，而是以箱体为单位。春季蜂王大多在上面的箱体内产卵，在最早的粉源植物开花1个月以后，蜂群由新老蜜蜂交替的恢复阶段进入发展阶段时，上箱体中部的巢脾大部分被蜂子占满，将上箱体与下箱体对调位置，将下面具有空巢脾的箱体调到上面，蜂王自然会爬到调到上面的箱体内产卵。经过2～3周，位于上面箱体的巢脾大部分被蜂子占据，下面箱体的子脾基本上羽化出房，空出了许多巢脾，可进行第二次上下对调箱体。再经2～3周，蜂群发展到15框蜂以上，在上下对调箱体后，于两箱体之间加装有空脾的第三箱体。蜂群有3个箱体，足够蜂王产卵、蜜蜂栖息和储存饲料之用。以后每隔 2～3 周，对调一次最上面和最下面的箱体，中间箱体不动。

（4）流蜜期管理　大流蜜期开始前，上下对调箱体，在最上面箱体上加隔王板，上加 1 个储蜜用的空脾继箱，待继箱的储蜜达到 80％ 时，在它下面隔王板之上加第二继箱。往后再加继箱时，仍然加在原有储蜜继箱的下面、隔王板之上。如果蜂群采集的花蜜数量较大，蜂群每日增重在 2 千克以上，加继箱时可在继箱里放置 4～5 个巢础框，巢础框与空脾间隔放置。在流蜜期快结束时，将储蜜继箱的蜂蜜一次分离。将取过蜜的巢脾和继箱，仍然放回蜂群，让蜜蜂将黏附在巢脾上的余蜜吮吸干净，然后对空脾进行熏蒸后，妥善保管。如果继箱和巢脾不足，每群至少要有两个继箱，可分批取蜜，每群每次只分离 1 个继箱的封盖蜜脾。

（5）饲料的储备　在最后的主要蜜源植物流蜜末期要适时撤去储蜜继箱，以便蜂群在育虫箱内装足越冬饲料，或者预先选择一些巢脾质量好的封盖蜜脾储藏起来，作为越冬饲料。

小资料：多箱体养蜂更新蜂王主要是换王，蜂王由育王场培养，生产蜂场从育王场购买，一次性更新。每年更换蜂王要趁早。

104 什么是定地饲养？

一年四季蜂群放在一个地方繁殖、生产，不放蜂、不流动，即为定地养蜂。定地养蜂，场地周围周年须有 1 个或 1 个以上的主要蜜源植物开花泌蜜能够进行生产，具有持续的辅助蜜源植物供蜜蜂繁殖，并且要有无污染、无干旱、无水涝、民风好的环境，水源充足、水质优良，具备养蜂人员生活和蜂产品生产的建筑设施。

定地养蜂风险较小，适合山区饲养。

105 定地养蜂有何特点？

由于一个地方每年都重复着同样的气候和蜜源，所以每年有着相同的蜂群繁殖、管理和生产措施，既相同的繁殖、生产、管控蜂王、育王、治螨、喂蜂等工作，只需根据生产和天气变化小幅调整管理措施。定地饲养，能够实行一人多养、多箱体饲养和生产成熟蜂蜜，容易饲养强群，王浆产量相对较高，有利于雄蜂蛹的生产，家庭成员参与工作，可兼顾平时的农业生产。

定地养蜂在蜜源淡季依靠喂糖产浆，以等待蜜源开花采蜜。风险较小，收入低但稳定，可养蜂兼顾持家种地。

106 什么是转地放蜂？

根据气候和蜜源，将蜂群拉运到有花朵开放的地方放蜂采蜜，进行繁殖或生产，就是转地放蜂。长途转地放蜂，一般从春到秋，从南向北逐渐赶花采蜜，最后一次南返；定地加小转地放蜂，一般在居住地周围 100 千米以内转地采蜜。一般是根据生产或管理需要，按开花先后沿放蜂路线将养蜂场地贯穿起来。

我国大部分蜂场都实行转地放蜂，以提高产量和效益。

107 转地放蜂有何特点？

转地放蜂一户一车蜂群（图49）。早春在南方1月开始繁殖，然后随着主要蜜源花期逐渐从南向北放蜂生产，8～9月南返回家越冬，1月再向南方运输蜂群春繁；或者南返到江苏、浙江、福建等地采集茶花等秋、冬蜜源，并就地越冬春繁；或者在北方越半冬，再一次性南返春繁，年复一年。

图49　放蜂车

每年的蜂群管理和放蜂路线基本相同，不停地转地。产品有蜂蜜、蜂王浆和蜂花粉等，以生产蜂蜜为主或蜜浆兼收，蜂蜜浓度受蜜源、天气影响较大，高低不一。一人饲养蜜蜂 45～100 群，双箱体饲养，单王或双王，蜂群控制在 12～14 脾蜂。

转地放蜂有长线和短线两种，长线转地里程从近千千米到数千千米不等，跨省放蜂，收益高，但技术要求高、劳动强度大、风险大、投资大；短线放蜂路程由几十千米至数百千米，在省内或邻近地区采蜜，收益和技术要求相对较低，风险和投资亦小。

108 如何安排转地路线？

蜂群转运要考虑运程远近、顺逆、是否稳产和运输安全，以获得高产。在主要蜜源花期首尾相连时，应舍尾赶前，及时赶赴新蜜源的始花期。

长途转运路线均由南向北，大致分为西线、中线、东线和南线。

（1）西线　云南、四川→陕西→青海（或宁夏、内蒙古）→新疆。早春先把蜂群运到云南繁殖。在云南应注意预防蜂群小蜂螨，一经发现要干净彻底根除；注意保持蜂群内一定的温度，勿使干燥（因开远、罗平、楚雄、下关等地春天风大）。待到 2 月底，在楚雄、下关或昆明附近繁殖的蜂场应到四川成都采油菜花。当地油菜花期结束以后，再到陕西汉中地区采油菜花，然后赴蔡家坡、岐山、扶风等地采洋槐花，延安、榆林也是很好的刺槐蜂蜜生产基地。如果在陕西境内转地放蜂，可到太白稍作休整繁殖，待盐池等地的老瓜头、地椒花开，再转到盐池，然后再到定边一带采荞麦花和芸芥花。

小资料：陕西洋槐花期结束以后也可以转往西北，如甘肃油菜、青海油菜、新疆棉花等也是几个比较连贯的好蜜源。该路线以西北蜜源为主，泌蜜稳定且高产。宝鸡市是全国蜂产品集散地之一，每年有 40 万～50 万群蜂从东南或西南来此采蜜，加上西北本地蜂 60 多万群，年产蜜约 2 万吨。

（2）中线　主要以京广铁路为转运线，广东、广西→江西、湖南→湖北→河南→河北、北京→内蒙古。在广东、广西、贵州、江西、湖南、湖北等地进行春季繁殖和生产的蜂场，于当地油菜等花期结束以后可直接北上河南采油菜花、刺槐花等；然后再北上河北、山西，那里的洋槐花正含苞待放等着养蜂人，而且山上的荆条花也即将流蜜。荆条花期结束以后可到太原，那里有大面积的向日葵和荞麦相继开花。山西的洋槐花期结束以后，也可直接去内蒙古赶荞麦、老瓜头花期，结束后转至呼和浩特市托县一带采茴香花和向日葵花。内蒙古采蜜结束后可在鄂尔多斯高原越半冬，然后直接运往广东、广西或返回原籍，准备下一年的放蜂。

在河北采洋槐花的蜂场，可在北京附近采荆条花，也可去东北采椴树花，每逢椴树的大年，天气适宜时，收获相当可观。

在河南洋槐花期结束以后，若不北上，可稍作休整，然后在新郑、内黄、灵宝采枣花，或在辉县、焦作等地采荆条花，最后，折返到驻马店采芝麻花。芝麻结束到信阳或江浙采茶花。

（3）东线　福建、广东→安徽、浙江→江苏→山东→辽宁→吉林→黑龙江→内蒙古。在福建、浙江、上海等地春繁以后可到苏北采油菜花，再到山东境内胶东半岛等采刺槐花，山东的枣树蜜源也很丰富，而后走烟台直赴旅顺、大连，那里的红荆条是很好的蜜源，每年一度的吉林长白山区或黑龙江省的椴树花期也别错过。椴树花期结束，部分蜂场就近采胡枝子，另一部分蜂场则向南折回吉林、辽宁或内蒙古采向日葵。进入9月，东北、内蒙古气温降低，蜂场在向日葵场地繁殖并越半冬，到了11月中、下旬，再南下往广东、福建的南繁场地。东线的转地距离长达5 000千米。

（4）南线　福建→安徽、江西→湖南→湖北→河南。浙江、福建蜂场在本地越冬后，于2月下旬转到江西或安徽两省的南部采油菜；4月初到湖南北部、江西中部采紫云英；5月进湖北采荆条，或从湖南、江西转入河南采刺槐、枣花、芝麻；于7月底或8月下旬转回湖北江汉平原，或湖南洞庭湖平原采棉花，最后往江苏、浙江采集茶花。

短途转地放蜂在本省或邻近地区，用汽车运蜂到第二天中午之前能到达的地方放蜂，是一个提高养蜂效益的好方法。

不论走哪条路线，都要注意调查研究，往往在上个蜜源没有结束之前，就要派人到下一个场地去实地考察，切莫犯经验主义的错误。虽然蜜源情况每年有一定的规律，但随着农业结构的调整、各年气候的差异，也会有所变动。四条放蜂路线也可穿插进行放蜂，要灵活运用。

每到一地都应时刻注意农民是否喷洒农药、除草剂及有无抗虫植物等，并采取防范措施。

109 如何落实放蜂场所？

调查蜜源植物的种类、分布、面积、长势、花期、利用价值、耕作制度、病虫害轻重、周围有无有害蜜源（有毒与甘露蜜源）、前后放蜂地点花期是否衔接、气候（光照、降水、风力风向、温度、湿度、灾害性气候）；其次要了解场地周围蜂场的数量、蜜蜂品种以及当地的风俗民情，农药污染、大气污染、水质、交通状况，场地地势是否在水道或风口上。若同一地方同一时期有两个以上主要蜜源开花流蜜，应根据蜜源、气候、生产和销售等情况，选择最优场地。如果蜜源集中的地方蜂场过多、蜜蜂拥挤，应选蜂少够用的场地。选定放蜂场地后，应征得当地蜂业合作社及村镇等有关单位认可，并填写放蜂卡或签订协议，即完成落实场地的任务。

一般情况下，应选择两个以上场地，以应付运输中因堵车、雨水、错过花期等原因造成的被动局面。转地放蜂时在人口密集、水道或风口等地方，都不宜搁置蜂群。

110 如何进行运输包装？

运输蜂群，须固定巢脾与连接上下箱体，防止巢脾碰撞压死蜜蜂，并方便装车、卸车。这项工作在启运前1~2天完成。

（1）固定巢脾　以牢固、卫生、方便为准。用框卡或框卡条固定的方法是在每条框间蜂路的两端各楔入一个框卡，并把巢脾向箱壁一侧推紧，再用寸钉把最外侧的隔板固定在框槽上。或用框卡条卡住框耳，并用螺钉固定。或用海绵条固定，方法是将特殊材料制成的具有弹（韧）性的海绵条置于框耳上方，高出箱口1～3毫米，盖上副盖、大盖，以压力使其紧压巢脾不松动，并与挑绳捆绑相结合。

（2）连接箱体　是用绳索等把上下箱体及箱盖连成一体。用海绵压条压好巢脾后，将紧绳器置于大盖上，挂上绳索，压下紧绳器的杠，即达到箱体联结和固定巢脾的目的，随时可以挑运。

有些蜂场利用铁钉前后钉住巢框两个侧条固定巢脾，有些利用弹簧等四角拉紧上、下箱体。

111 怎样装车？何时启运？

（1）关巢门运蜂装车　打开箱体所有通风纱窗，收起覆布，然后在傍晚大部分蜜蜂进巢后关闭巢门（若巢门外边有蜂，可用喷烟或喷水的方法驱赶蜜蜂进巢）。每年1月，北方蜂场赶赴南方油菜场地繁殖蜜蜂时，运输中弱群折叠覆布一角，强群取出覆布等覆盖物。关门运蜂适合各种运输工具。蜂箱顺装，汽车开动，使风从车最前排蜂箱的通风窗灌进，从最后排的通风窗涌出。

（2）开巢门运蜂装车　必须蜂群强、子脾多和饲料足。取下巢门档开大巢门，适合繁殖期运蜂。装车时间定在白天下午，装卸人员戴好防蜂帽、穿好工作服，束好袖口和裤口，着高筒胶鞋。在蜂车附近燃烧秸秆产生烟雾，使蜜蜂不致追蜇人畜。另外，养蜂用具、生活用品事先打包，以便装车。装车以4个人配合为宜，1人喷水（洒水），每群喂水1千克左右；2人挑蜂；1人在车上摆放蜂箱。蜂箱横装，箱箱紧靠，巢门朝向车厢两侧；或者蜂箱顺装（适合阴雨低温天气或从温度高的地区向温度低的地区运蜂），箱箱紧靠，巢门向前。最后用绳索挨箱横绑竖捆，刹紧蜂箱。

国外养蜂多四箱一组置于托盘上，使用叉车装卸，省劳力。蜂车装好后，如果是开巢门装车运蜂，则在傍晚蜜蜂都上车后再开车启运。如果是关巢门装车运蜂，捆绑牢固后就开车上路。黑暗有利于蜜蜂安静，因此，蜂车应尽量在夜晚行进，第二天午前到达，并及时卸蜂。

运输蜂群，应避免处女王出房前或交尾期运蜂，忌在蜜蜂采集兴奋期和刚采过毒时转场。开门运蜂需喂水，关门运蜂不喂水。

112 汽车关巢门运蜂途中如何管理？

运输距离在 500 千米左右，傍晚装车，夜间行驶，黎明前到达，天亮时卸蜂，途中不停车。到达后将蜂群卸下摆放到位，及时开启巢门，盖上覆布，再加上大盖。

若需白天行驶，避免白天休息，争取午前到达，以减少行程时间和避免因蜜蜂骚动而闷死。白天遇道路堵车应绕行，遇其他意外不能行车时应当机立断卸车放蜂，傍晚再装运。

8～9 月从北方往南方运蜂，途中可临时放蜂；11 月至翌年 1 月运蜂，提前做好蜂群包装，途中不喂蜂、不放蜂、不洒水，视蜂群大小折叠覆布一角或收起，避免剧烈震动。到达目的地卸下蜂群，等蜜蜂安静后或在傍晚开巢门。

运输途中严禁携带易燃易爆和有害物品，不得吸烟生火。注意装车不超高，押运人员乘坐位置安全，小心农村道路较低的电线栏、挂蜂车，按照规定进行运输途中作业，防止发生意外事故。

113 汽车开巢门运蜂途中怎样管理？

运输距离在 500 千米以上，如果白天在运输途中遇堵车等，或在第二天午前不能到达场地，应把蜂车开离公路停在树荫下放蜂，待傍晚蜜蜂都飞回蜂车后再走。如果蜂车不能驶离公路，就要临时卸车放蜂，将蜂箱排放在公路边上，巢门向外（背对公路），傍晚再装车运输。

临时放蜂或蜂车停放，应向巢门洒水，否则其附近须有干净的水源，或在蜂车附近设喂水池。

开门运蜂白天不得停车。一旦蜂车停下，短时蜜蜂会飞失，须傍晚蜜蜂归来时再上路行驶。

114 **怎样养好中蜂?**

养殖中蜂的条件和管理要点:①蜜源丰富,持续不断。②场地合适,阳光充足,环境安静,冬暖夏凉。③蜂箱大小符合蜂群和生产需要。④根据情况每年取蜜1~3次,留足饲料。⑤选育抗病蜂王,及时更新老王、有病蜂王,慎重引种。⑥保持蜂多于脾或蜂脾相称。⑦积极造脾。⑧少开箱、少干扰。

115 **怎样准备中蜂过箱?**

将无框蜂巢改为有框或大框改成小框饲养的操作称中蜂过箱,是巢脾的移植过程,为现代饲养中蜂的开始。

准备好蜂箱、巢框、刀子(割蜜刀)和垫板、王笼、塑料容器、面盆、绳索、塑料瓶、桌子、防护衣帽、香或艾草绳索,以及梯子等。选择好时机,一般在蜜粉源条件较好、蜂群能正常泌蜡造脾、气温在16℃以上晴暖天气的白天进行。过箱蜂群群势一般应在3~4框足蜂以上,蜂群内要有子脾,特别是幼虫脾。另外,无框饲养的蜂群,先将蜂桶或板箱搬离原位,将新箱放置到原位。

3框以下的弱群保温不好、生存力差,应待群势壮大后再过箱。

116 **中蜂过箱如何操作?**

中蜂过箱包括以下操作程序。

(1)驱赶蜜蜂 用木棍或锤子敲击蜂桶,蜜蜂受到震动,就会离脾,跑到桶的另一端空处结团;或用烟熏蜂直接将其驱赶入收蜂笼中。对于裸露蜂巢,使用羽毛或青草轻轻拨弄蜜蜂,露出边缘巢脾。变更巢脾巢框时需要将脾上蜜蜂抖落。

驱赶蜜蜂时要认真查看,发现蜂王,务必装入笼中加以保护,并置于新箱中招引蜂群。

(2)割脾 右手握刀沿巢脾基部切割,左手托住,取下巢脾置于木板上等待裁切。

（3）裁切　用一个没有础线的巢框作模具，放在巢脾上，按照去老脾留新脾、去空脾留子脾、去雄蜂脾留工蜂脾的原则进行切割，把巢脾切成稍小于巢框内径、基部平直且能贴紧巢框上梁的形体。

注意，要将多数蜂蜜切下另外贮存，留少量蜂蜜够蜜蜂 3～5 天食用即可，以便减轻重量将巢脾固定在框架上。

（4）镶装巢脾　将穿好铁丝的巢框套装入已切割好的巢脾（较小的子脾可以 2 块拼接成 1 框），巢脾上端紧贴上梁，顺着框线，用小刀划痕，深度以接近房底为准，再用小刀把铁丝压入房底。

（5）捆绑巢脾　在巢脾两面近边条 1/3 的部位用竹片将巢脾夹住，捆扎竹片，使巢脾竖起；再将镶好的巢脾用弧形塑料片从下面托住，用棉纱线穿过塑料片将其吊绑在框梁上。其余巢脾，依次切割捆绑。

如果大量无框蜂群过箱，可按上述方法绑定巢脾，然后旋转蜂箱按序摆好，再将蜜蜂驱赶进箱，留下原巢脾，再割下捆绑，循环作业。

弧形塑料片可用废弃饮料瓶加工。

（6）恢复蜂巢　将捆绑好的巢脾立刻放进蜂箱内，子脾大的放中间，拼接的和较小的子脾依次放两侧，蜜粉脾放在最外边，巢脾间保持 6～8 毫米的蜂路，各巢脾再用钉子或黄胶泥固定。

（7）驱蜂进箱　用较硬的纸卷成 V 形的纸筒，将聚集在一旁的蜜蜂舀进蜂箱，倒在框梁上。注意，一定要把蜂王收入蜂箱。然后，将蜂箱支高置于原蜂群位置，巢门口对外，离开 1～2 小时，让箱外的蜜蜂归巢。

如果是活框蜂群更改巢框，直接将蜜蜂抖入捆绑好巢脾的蜂箱即可。

117 如何管理过箱蜂群？

过箱次日观察工蜂活动，如果积极采集和清除蜡屑，并携带花粉团回巢，表示蜂群已恢复正常。反之应开箱检查原因进行纠正。

3～4天后，除去捆绑的绳索，整顿蜂巢，傍晚饲喂，促进蜂群造脾和繁殖。1周后巢脾加固结实，即可运输至目的地，1个月后蜂群即可得到发展。

118 中蜂活框饲养要点有哪些？

（1）蜜源丰富　中蜂通常定地饲养，因此，在蜜蜂活动季节，蜂场周围1.5千米范围内须有持续不断的蜜源植物开花泌蜜。

（2）场地合适　放蜂场地僻静，蜂箱摆放位置合适、隐蔽，不干不湿，白天有短日照，勿曝晒。

（3）蜂箱合适　蜂箱大小和式样合乎中蜂生长的需要和习性，符合人们生产管理的要求，结实严密、隔风挡雨、保温保湿（图50）。

图50　一种增大了下蜂路、活底箱养中蜂的方式

建议采用活底蜂箱，箱体低矮，长、宽合适（适合当地中蜂），以便实现多箱体饲养。

（4）少开箱少取蜜　根据计划管理蜂群，无计划不开箱，通过扩大蜂巢贮存蜂蜜，一年生产蜂蜜2～3次。

（5）春季繁殖　雨水节气（中原地区）前后，开箱检查蜂群，取出多余巢脾，割除下部空房，每天喂糖水50克左右，促进蜂王产卵。待蜂群巢脾长满，加巢础于隔板内。

（6）及时更新巢脾　及时更新巢脾，保持繁殖巢脾都是新巢脾。巢脾是蜂群的生长点，只有不停地更新巢脾，蜂群才有活力。

（7）更新蜂王　根据各地经验，每年在谷雨之后、小满之前，培育、更新蜂王。

（8）生产季节扩大蜂巢　由下向上添加箱体，下箱体造脾繁殖，上箱体贮存蜂蜜。

（9）越冬准备　秋末蜂群断子，取出巢脾，将优质蜜足巢脾割去空巢房，留下上部蜜脾，还给蜂群，每群3～4张，作为越冬和春季繁殖巢脾。

（10）蜂群越冬　群势应达5 000只以上的蜜蜂，保证食物充足。缩小巢门，盖严覆布，不开箱、不震动。

119 中蜂格子箱饲养要点有哪些？

格子蜂箱养蜂，就是将大小适合、方的或圆的箱圈，根据蜜蜂群势大小、季节、蜜源等上下叠加，调整蜂巢空间，给蜂群创造一个舒适的生活环境，并方便生产封盖蜂蜜。它是无框养蜂较为先进的方法之一。格子蜂箱养中蜂，管理较为粗放，即可城市业余饲养，也能山区专业饲养，只要场地合适、蜜源丰富，一人能管数百个蜂群。

（1）饲养原理　自然蜂群巢脾上部用于贮存蜂蜜，之下为备用蜂粮，中部培养后代工蜂，下部为雄蜂巢房，底部边缘建造皇宫（育王巢房）。另外，中蜂蜂王多在新房产卵，蜜蜂造脾，蜂群生长，随着巢脾长大蜜蜂个体数量增加。从这个角度讲，新脾新房是蜂群的生长点，巢脾是蜂群生命的载体。因此，根据中蜂的生活习性，设计制作横截面小、高度低、箱圈多的蜂箱，上部生产封盖蜂蜜，下部加箱圈增加空间，上、下格子箱圈巢脾相连，达到老脾贮藏蜂蜜、新脾繁殖、减少疾病的目的。另外，夏季在下层箱圈下加一底座，可增加蜂巢空间，方便蜜蜂聚集成团，调节孵卵育虫的温度和湿度。

（2）制造蜂箱　格子蜂箱由箱圈、箱盖、底座组成，箱壁厚度在1.5～3.5厘米。一套箱圈3～8个，方形的由四块木板合围而成；圆形的由多块木板拼成，或由中空树段等距离分割形成。底座大小与箱圈一致，一侧箱板开巢门供蜜蜂出入，相对的箱板（即后方）制作成可开闭或可拆卸的大观察门。箱盖或平或凸，达到遮风、避雨、保护蜂巢的目的，兼顾美观可用于展示。箱盖下蜂巢上还有一个平板副盖，起保温、保湿、阻蜂出入和遮光作用。

箱圈直径或边长一般不超过25厘米、不小于18厘米，高度不超过12厘米、不低于6厘米。新箱圈使用前清除异味，收蜂或过箱时需用蜜水（渣）喷湿内壁。

（3）检查蜂群　打开底座活动侧板，点燃艾草绳，稍微喷出烟，蜜蜂向上聚集，暴露脾下缘，从下向上观察巢脾，即能观察有无王台、造脾快慢、卵虫发育等，以便采取处置措施。

每次看蜂时喂点糖水，蜜蜂会表现得较温驯。

（4）喂蜂　外界蜜源丰富，无框蜂群繁殖较快；外界粉、蜜稀少，隔天奖励饲喂。越冬前储备足够的封盖蜜，饲喂糖浆须早喂。

喂蜂蜜或白糖，前者加水20%，后者加水70%，混合均匀，置于容器内，上放秸秆让蜂攀附，搁在蜂箱底座中，边缘与蜂团相接喂蜂。如果容器边缘光滑，就用废脾片裱贴。喂蜂的量，以当晚午夜时分搬运完毕为准。

（5）春繁扩巢　立春以后，蜜蜂开始采粉，即可进行春季繁殖管理。①打开侧板，清除箱底蜡渣。②从底座上撤下蜂巢，置于"井"字形木架上，稍用烟熏，露出无糖边脾，用刀割除。③根据蜜蜂多少，决定下面箱圈去留，最后将蜂巢回移到底座上。④通过侧门，每天或隔天傍晚喂蜂少量蜜水。⑤1个月左右巢脾满箱，从下加第一个箱圈。⑥根据蜂群大小，逐渐从下加箱圈，扩大蜂巢。

小资料：生产期间，大流蜜期在上添加格子箱圈，小流蜜期在下添加格子箱圈，适时取蜜。

（6）更换蜂王　分蜂季节，清除王台，在蜂巢下方添加隔王板，将上层贮蜜箱取下置于隔王板下、底座上，诱入王台。新王交配产卵后，如果不分蜂，按正常加箱格管理，抽出隔王板，老蜂王自然淘汰；如果分蜂，待新王交尾产卵后，把下面箱体搬到预设位置的底座上，新王群、老王群各自生活。

（7）分蜂增殖　格子蜂箱分蜂也有自然与人工两种。分出的蜜蜂都要饲喂，加强繁殖。

①自然分蜂。需预测时间，伺机捕捉蜂王，引领分出蜜蜂，另成新群。原群留王台1个，多余清除，撤下多余蜂巢（箱圈），盛

装新群。

②人工分蜂。是将格子蜂箱底座侧（后）门，做成随时可撤可装的形式，取下侧（后）门，换上纱窗门，改成通风口，关闭通蜂（巢）门；上加两箱圈，蜂巢置其上，打开上箱盖，将蜂吹至底部；及时于巢箱和空格箱圈之间插入隔王板，然后静等工蜂上行护脾。底座和空格箱内剩余少量工蜂和老王，撤走另外放置；添加有蜜有子有蜂箱圈，两天后撤走格子空箱圈，即成为老王新群。原群下再加底座，静等处女蜂王交配产卵。

分蜂有时也简单，当发现蜂群出现王台，在晴天午前，先移开原箱，原址添加一格箱圈，从原群中割取子脾，裁成手掌大小，固定于箱圈中后，导入成熟王台，回巢蜜蜂即可养育出新王。

（8）蜂病防治　巢虫是蜡螟的幼虫，钻蛀巢脾，致蜂蛹死亡。主要通过选择合适的蜂箱尺寸（宜小不宜大）、更新蜂巢、蜂格相称和经常扫除蜡渣等预防。

（9）蜂群越冬　根据蜂群大小保留上部 1～2 个蜜箱，撤除下部箱圈，用编织袋从上套下，包裹蜂体 2～6 层，用小绳捆绑，缩小巢门，有利于保温和预防老鼠。

120 中蜂格子饲养如何生产蜂蜜？

当蜂群长大、箱体（圈）增加到 5 个时，向上整体搬动蜂箱，如果重量达到 10 千克以上，就可撤格割蜜。一般割取最上面的一格。

先准备好起刮刀、不锈钢丝或钼丝、艾草或香火、容器、螺丝刀、割蜜刀、L 形割蜜刀、"井"字形垫木等。①取下箱盖斜靠于箱后，再用螺丝刀将上下连接箱体的螺钉松开（没有连接减少这一步骤）。②用起刮刀的直刃插入副盖与箱沿之间，撬动副盖，使其与格子一边稍有分离。③将不锈钢丝横勒进去，边掀动起刮刀边向内拉动钢丝两头，并水平拉锯式左右同时向内用力，割断副盖与蜜脾、箱沿的连接，取下副盖，反放在巢门前。④点燃艾草或香火，从格子箱上部向下部喷烟，赶蜂下移。⑤将起刮刀插入上层与第二层格子箱圈之间，套上不锈钢丝，用同样的方法，使上层格子与下层格子及其相连的巢脾分离。⑥搬走上层格子蜜箱，从蜂巢上部盖好副盖和箱盖。

格子箱圈中的蜂蜜可以作为巢蜜，置于"井"字形木架上，经过清理边缘残蜜，包装后即可出售。或者割下蜜脾，利用榨蜡机，可挤出蜂蜜。蜡渣可化蜡处理。

小资料：蜡渣可作引蜂的诱饵，洗下的甜汁用作制醋的原料。

121 大水浸漫蜂箱怎么办？

夏天，如果蜂群置于低洼、河道或河道半坡，就可能发生下雨时积水浸漫蜂箱，淹没蜂群的事故。此时，先用纸笔画出蜂场蜂群位置图，做好标记；再将蜂群及时迁移到无水的地方摆放，或者堆叠码垛，等水退后搬回原址。蜂群搬离原址期间，时刻向蜂群洒水，减少蜜蜂活动，或者使用遮光、保温物体覆盖蜂群和采取通风措施，保持黑暗，减少蜜蜂外出。

122 如何处理被泥水浸泡和淹埋的蜂群？

被雨水浸泡或泥水冲击蜂场后，要及时清洗现有蜂箱并消毒，将有蜜巢脾 2 张，削去下部子脾或空巢房，置于清洗过的蜂箱中，收集残蜂，并立即转移蜂场。对无王蜂群，向邻近蜂场求索老王或移虫育王；防治蜂螨；适量饲喂，繁殖蜂群。

将剩余所有被泥水浸泡的巢脾卖给收购经纪人，巢框焚毁。

蜂王被淹（闷）死的蜂场，除焚毁受伤子脾，清洗蜂箱，根据蜂数多少，按蜂脾比 1.5：1 整理蜂巢外，抓紧时间移虫育王，防治蜂螨，准备蜂群重新饲养。

123 雾霾、沙尘天气采取什么管理措施？

蒙蒙大雾、黄沙飞扬（沙尘暴），含硫酸盐、硝酸盐、粉尘等物质的颗粒漂浮于空中，最后降落于花朵，蜜蜂采集被污染的花粉、花蜜后，会引起爬蜂病等。此时，及时转移蜂场是正确的做法。

小资料：湖北油菜、河南紫云英和枣树花期，常因雾霾、沙尘天气引起蜂群爬蜂病。

124 早春低温采取什么管理措施？

短时期低温寒流（蜜蜂不能正常飞行活动），喂浓糖浆，提升温度。

长时间低温寒冷，保持粉、水供应，不喂糖浆，给缺糖蜂群补充大糖脾；折叠覆布加强通风，降低巢温，使蜂团集，放缓繁殖速度，保证现有子脾健康和蜜蜂生命；同时，注意天气，利用有限温暖时间促蜂排泄。

小资料：长期低温寒流（灾害性天气）多发生在湖北、四川油菜花前期。

125 夏季高温采取什么管理措施？

夏季持续高温，巢穴温度过高，工蜂离脾，繁殖受阻，群势下降。采取遮阳、洒水等降温增湿措施。

生产场地减少繁殖巢脾，保持蜂脾相称；短期越夏场地断子治螨，长期越夏场地适当繁殖。

小资料：枣树、荆条花期减少繁殖巢脾，适当控制繁殖速度，有利于蜜蜂健康。

126 阴雨天气采取什么管理措施？

蜂群活动季节，天气连续阴雨，缺少检查，蜂群容易缺食、巢穴潮湿。应采取遮雨、喂蜂措施，保持蜂群食物充足、蜂巢干燥。同时，在天气转好时，要预防发生自然分蜂。

127 干旱天气采取什么管理措施？

干旱天气，一方面，要加强蜂群喂水，减少巢箱脾数，适当控制繁殖速度；另一方面，若粉源充足，可喂糖水脱粉、取浆，提高效益。

三、养蜂生产

128 如何生产分离蜂蜜？

分离蜂蜜包括脱落蜜蜂、切割蜜盖、分离蜂蜜（摇蜜）和归还巢脾四个操作步骤。

（1）脱落蜜蜂　是将附着在蜜脾上的蜜蜂脱离蜜脾，其方法有抖落蜜蜂和吹落蜜蜂等。

抖落蜜蜂为人站在蜂箱一侧，打开大盖，把贮蜜继箱搬下，搁置在仰放的箱盖上，并在巢箱上放一个一侧带空脾的继箱；然后推开贮蜜继箱的隔板，腾出空间，两手紧握框耳，依次提出巢脾，对准新放继箱中空处、蜂巢正上方，依靠手腕的力量，上下迅速抖动2～3下，使蜜蜂落下，再用蜂刷扫落巢脾上剩余的蜜蜂。

吹落蜜蜂是将贮蜜继箱置于吹蜂机的铁架上，使喷嘴朝向蜂路吹风，将蜜蜂吹落到蜂箱的巢门前。

抖脾脱蜂要注意保持平稳，不碰撞箱壁和挤压蜜蜂。将脱蜂后的蜜脾置于搬运箱内，搬到分离蜂蜜的地方。当蜂刷沾蜜发黏时，将其浸入清水中涮干净，甩净水后再用。

（2）切割蜜盖　左手握着蜜脾的一个框耳，另一个框耳置于"井"字形木架或其他支撑点上，右手持刀紧贴蜜房盖从下向上顺势徐徐拉动，割去一面房盖，翻转蜜脾再割另一面，割完后送入分蜜机进行分离。

割下的蜜盖和分离的蜂蜜，用干净的容器（盆）承接起来，最后滤出蜡渣，滤下的蜂蜜作蜜蜂饲料或酿造蜜酒、蜜醋。

（3）分离蜂蜜　将割除蜜房盖的蜜脾置于分蜜机的框笼里，转动摇把，由慢到快，再由快到慢，逐渐停转，甩净一面后换面或交叉换脾，再甩净另一面。摇蜜速度以甩净蜂蜜而不甩动虫蛹和损坏巢脾为准。

遇有贮蜜多的新脾，先分离出一面的一半蜂蜜，甩净另一面后，再甩净初始的一面。在摇蜜时，放脾提脾要保持垂直平行，避免损坏巢房。

（4）归还巢脾　取完蜂蜜的巢脾，清除蜡瘤、削平巢房口后，立即返还蜂群。

129 *如何提高蜂蜜的产量和质量？*

饲养强群、蜜源够用是提高蜂蜜产量的基础；选择无污染的蜜源场地放蜂，注意个人和蜂场环境卫生，生产成熟蜂蜜，是提高质量的主要措施。

130 *如何生产巢蜜？*

巢蜜是把蜜蜂用花蜜酿造成熟贮满蜜房、泌蜡封盖的蜂蜜直接作为商品销售和食用。生产操作步骤如下。

（1）组装巢蜜框　巢蜜框架大小与巢蜜盒（格）配套，四角有钉子，高约6毫米。半边巢蜜盒，先将巢蜜框架平置在桌上，把巢蜜盒每两个盒底上下反向摆在巢框内，再用24号铁丝沿巢蜜盒间缝隙竖捆两道，等待涂蜡；两面巢蜜格，直接组装到巢蜜框架中。

（2）镶础或涂蜡　盒底涂蜡，首先将纯净的蜜盖蜡熔化，然后把盒子础板在被水熔化的蜂蜡里蘸一下，再放到巢蜜盒内按一下，整框巢蜜盒就涂好蜂蜡备用；为了生产的需要，涂蜡尽量薄少。格内镶础，先把巢蜜格套在格子础板上，再把切好的巢础置于巢蜜格中，用熔化的蜡液沿巢蜜格巢础座线将巢础粘牢，或用巢蜜础轮沿巢础边缘与巢蜜格巢础座线滚动，使巢础与座线黏合。

（3）造脾与装蜜　利用生产前期蜜源修筑巢蜜脾，一般 3～4 天即可造好巢房。在巢箱上一次加两层巢蜜继箱，每层放 3 个巢蜜框架，上下相对，与封盖子脾相间放置。也可用十框标准继箱将巢蜜盒、格组放在特制的巢蜜格框内。

在每个巢蜜框（或巢蜜格支撑架）和小隔板的一面四角部位钉 4 个小钉子，每个钉头距巢框 5～6 毫米。相间安放巢框和隔板时，有钉的一面朝向箱壁，依次排列靠紧，最后用两根等长的木棒（或弹簧）在前后两头顶住最外侧隔板，另一头顶住箱壁，挤紧巢框，使之竖直、不偏不斜，蜂路一致。

若巢蜜格自带角柱，可直接与小隔板间隔排列。

（4）采收　巢蜜盒（格）贮满蜂蜜并全部封盖后，把巢蜜继箱从蜂箱上卸下来，放在其他空箱（或支撑架）上，用吹蜂机吹出蜜蜂（图 51）。

图 51　巢蜜生产
（朱志强　摄）

（5）灭虫　用含量为 56％ 的磷化铝片剂熏蒸巢蜜，在相叠密闭的继箱内按 20 张巢蜜脾放 1 片药，进行熏杀，15 天后可彻底杀灭蜡螟的卵、虫。

（6）修正　将灭过虫的巢蜜脾从继箱中提出，解开铁丝，用力推出巢蜜盒（格），然后用不锈钢刀逐个清理巢蜜盒（格）边沿和四角上的蜂胶、蜂蜡及污迹，对刮不掉的蜂胶等，用棉纱浸酒精擦拭干净，再盖上盒盖或在巢蜜格外套上盒子。

（7）裁切　如果生产的是整脾巢蜜，经过裁切和清除边沿蜂蜜后进行包装。

（8）包装与贮存　根据巢蜜的平整与否、封盖颜色、花粉有无、重量等进行分级和分类，剔除不合格产品，然后装箱。在每两层巢蜜盒之间放 1 张纸（格子巢蜜需立放），防止盒盖磨损，再用胶带纸封严纸箱，最后把整箱巢蜜送到通风、干燥、清洁、温度 20℃ 以下、室内相对湿度保持在 50％～75％ 的仓库中保存。按品种、等级、类型分垛码放，纸箱上标明防晒、防雨、防火、轻放等标志。

在运输巢蜜过程中，要尽量减少震动、碰撞，避免日晒雨淋，防止高温，缩短运输时间。

131 蜂王浆生产如何操作？

（1）安装浆框　用蜡碗生产的，首先粘装蜡台基，每条20～30个。用塑料台基生产的，每框装4～5条（每条双排），用金属丝将其捆绑在浆框条上即可。

（2）工蜂修台　将安装好的浆框插入产浆群中，让工蜂修理2～3小时，即可取出移虫。碰掉的台基补上，啃坏的台基换掉。凡是第一次使用的塑料台基，须置于产浆群中修理12～24小时。正式移虫前，在每个台基内点上新鲜蜂王浆，可提高接受率。

（3）人工移虫　从供虫群中提出虫脾，左手提握框耳，轻轻抖动，使蜜蜂跌落箱中，再用蜂刷扫落余蜂于巢门前。将虫脾平放在承脾木盒中，使光线照到脾面上，再将取浆框（或王台基条）置于其上，转动待移虫的台基条，使台基口向上斜。选择巢房底部王浆充足、有光泽、孵化约24小时的工蜂幼虫，将移虫针的舌端沿巢房壁插入房底，从王浆底部越过幼虫，顺房口提出移虫针，带出幼虫，将移虫针端部送至台基底部，推动推杆，移虫舌将幼虫推向台基的底部，退出移虫针。

（4）插框　移好一框，将王台口朝下放置，及时加入生产群生产区中，引诱工蜂泌浆喂虫。暂时置于继箱的，上放湿毛巾覆盖，待满箱后同时放框；或将台基条竖立于桶中，上覆湿毛巾，集中装框，在下午或傍晚插入最适宜。

（5）补移幼虫　移虫2～3小时后，提出浆框进行检查，凡台中不见幼虫的（蜜蜂不护台）均需补移，使接受率达到90％左右。

（6）收取浆框　移虫62～72小时后，在13：00～15：00提出采浆框，捏住浆框一端框耳轻轻抖动，把上面的蜜蜂抖落于原处，用清洁的蜂刷拂落余蜂（图52）。

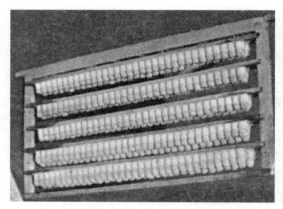

图 52　提取浆框，清除蜜蜂
（龚一飞　摄）

收框时观察王台接受率、王台颜色和蜂王浆是否丰盈，如果王台内蜂王浆充足，可再加 1 条台基，反之，可减去 1 条台基。同时在箱盖上做上记号，如写上"6 条""10 条"等字样，在下浆框时不致失误。

（7）削平房壁　用喷雾器从上框梁斜向下对王台喷洒少许冷水（勿对王台口），用割蜜刀削去王台顶端加高的房壁，或者顺塑料台基口割除加高部分的房壁，留下长约 10 毫米有幼虫和蜂王浆的基部，勿割破幼虫。

（8）拣虫　削平王台后，立即用镊子夹住幼虫的上部表皮，将其拉出，放入容器，注意不要夹破幼虫，也不要漏拣幼虫。

（9）挖浆　用挖浆橡胶铲顺房壁插入台底，稍旋转后提起，把蜂王浆刮带出台，然后刮入蜂王浆瓶（壶）内（瓶口可系一线，利于刮落），并重复一遍刮尽。

至此，生产蜂王浆的一个流程完成，历时 2～3 天。蜂王浆生产由前一批结束开始第二批生产时，取浆后尽可能快地把幼虫移入刚挖过浆还未干燥的前批台基内，将前批不被接受的蜡碗割去，在此位置补一个已接受的老蜡碗。如人员充足，应分批提浆框→分批取王浆→分批移幼虫→随时下浆框，循环生产。

（10）包装与贮藏　生产出的蜂王浆及时用 60 目或 80 目滤网，经过离心或加压过滤［严禁养蜂场或收购单位久放或冷藏（冻）后过滤，防止 10-HDA 流失］，按 0.5 千克、1 千克和 6 千克分装入专用瓶或壶内并密封，放在 −25～−15℃ 冷库或冰柜中贮藏。

蜂场野外生产，应在篷内挖 1 米深的地窖临时保存，上盖湿毛巾，并尽早交售。

蜡碗可使用 6～7 批次。塑料台基用几次后，应清理浆垢和残蜡一次，用清水冲洗后再继续使用。移虫时不挤碰幼虫，做到轻、快、稳、准，操作熟练，不伤幼虫和防止幼虫移位，速度 3～5 分钟移虫 100 条左右。补虫时可在未接受的台基内点一点鲜蜂王浆再移虫。

132 如何组织蜂王浆生产群？

（1）大群产浆组织方法　春季提早繁殖，群势平箱达到 9～10 框，工蜂满出箱外，蜂多于脾时，即加上继箱，巢箱、继箱之间加隔王板，巢箱繁殖，继箱生产。

选产卵力旺盛的新王导入产浆群，维持强群群势 11 脾蜂以上，使之长期稳定在 8～10 张子脾、2 张蜜脾、1 张专供补饲的花粉脾（大流蜜期后群内花粉缺乏时应迅速补足）。巢脾布置为巢箱 7 脾，继箱 4～6 脾。这种组织生产群的方式适宜小转地、定地饲养。春季油菜大流蜜期用 5 条 66 孔大型台基条取浆，夏秋用 3～4 条台基条取浆。

（2）小群产浆组织方法　平箱群蜂箱中间用立式隔王板隔开，分为产卵区和产浆区，两区各 4 脾，产卵区用 1 块隔板，产浆区不用隔板。浆框放产浆区中间，两边各 2 脾。流蜜期，产浆区全用蜜脾，产卵区放 4 张脾供产卵；无蜜期，蜂王在产浆区和产卵区 10 天一换，这样 8 框全是子脾。

133 如何组织蜂王浆供虫群？

（1）虫龄要求　主要蜜源花期选移 15～20 小时龄的幼虫，在蜜、粉源缺乏时期则选移24小时龄的幼虫,同一浆框移的虫龄大小要均匀。

(2)虫群数量 早春将双王群繁殖成强群后,在拆除部分双王群时,组织双王小群——供虫群。供虫群占产浆群数量的12%。例如,一个有产浆群100群的蜂场,可组织双王群12箱,共有24只蜂王产卵,分成A、B、C、D 4组,每组3群,每天确保有6脾适龄幼虫供移虫专用。

(3)组织方法 在组织供虫群时,给双王群各提入1框大面积正出房子脾放在闸板两侧,出房蜜蜂维持群势。A、B、C、D 4组分4天依次加脾,每组有6只蜂王产卵,就分别加6框老空脾,老脾色深、房底圆,便于快速移虫。

小蜂场组织供虫群的方法是选择双王群,将一侧蜂王和适宜产卵的黄褐色巢脾(育过几代虫的)一同放入蜂王产卵控制器,蜂王被控制在空脾上产卵2~3天,第4天后即可取用适龄幼虫,并同时补加空脾。一段时间后,被控的蜂王与另一侧的蜂王轮流产适龄幼虫。

134 如何管理蜂王浆供虫群?

(1)调用虫脾 向供虫群加脾供蜂王产卵和提出幼虫脾供移虫的间隔时间为4天,4组供虫群循环加脾和供虫,加脾和用脾顺序见表1。

表1 专用供虫群加脾和用脾顺序(天)

分组	加空脾供产卵	提出移虫	加空脾供产卵	调出备用	提出移虫	加空脾供产卵	调出备用
A	1$_{P1}$	5$_{P1}$	5$_{P2}$	6$_{P1}$	9$_{P2}$	9$_{P3}$	10$_{P2}$
B	2$_{P1}$	6$_{P1}$	6$_{P2}$	7$_{P1}$	10$_{P2}$	10$_{P3}$	11$_{P2}$
C	3$_{P1}$	7$_{P1}$	7$_{P2}$	8$_{P1}$	11$_{P2}$	11$_{P3}$	12$_{P2}$
D	4$_{P1}$	8$_{P1}$	8$_{P2}$	9$_{P1}$	12$_{P2}$	12$_{P3}$	13$_{P2}$

注:P1、P2、P3分别表示第一次加脾、第二次加脾和第三次加脾。

春季气温较低时应在提出虫脾的当天17:00加入空脾,夏天气温较高时应在次日 7：00 加入空脾。

移虫后的巢脾返还蜂群，待第二天调出作为备用虫脾。移虫结束，若巢脾充足，将备用虫脾调到大群；否则，用水冲洗大小幼虫及卵，重新作为空脾使用。

（2）补充蜜蜂　长期使用的供虫群，按期调入成熟封盖子脾，撤出空脾，维持群势。

（3）加强饲喂　保持食物充足。

135 如何管理蜂王浆生产群？

（1）双王繁殖，单王产浆　秋末用同龄蜂王组成双王群，繁殖适龄健康的越冬蜂，为来年快速春繁打好基础。双王春繁的速度比单王快，加上继箱后采用单王群生产。

（2）换王选王，保持产量　蜂王年年更新，新王导入大群50～60天后鉴定其蜂王浆生产能力，将产量低的蜂王迅速淘汰再换新王。

（3）调整子脾，大群产浆　春秋季节气温较低时提 2 框新封盖子脾到继箱保护浆框，夏天气温高时提 1 框脾即可。10 天左右子脾出房后再从巢箱调上新封盖子脾，将出房脾返还巢箱以供产卵。

（4）维持蜜、粉充足，保持蜂多于脾　在主要蜜粉源花期，养蜂场应抓紧时机大量繁蜂。无天然蜜粉源时期，群内缺粉少糖，要及时补足，最好喂天然花粉，也可用黄豆粉配制粉脾饲喂。方法是：黄豆粉、蜂蜜、蔗糖按重量10：6：3配制。先将黄豆炒至九成熟，用0.5毫米筛的磨粉机磨粉，按上述比例先加蜂蜜拌匀，将湿粉从孔径 3 毫米的筛上通过，形如花粉粒，再加蔗糖粉（1毫米筛的磨粉机磨成粉）充分拌匀灌脾。灌满巢房后用蜂蜜淋透，以便工蜂加工捣实，保证不变质。粉脾放置在紧邻浆框的一侧，这样，浆框一侧为新封盖子脾，另一侧为粉脾，5～7天重新灌粉一次。在蜂稀不适宜加脾时，也可将花粉饼（按上述比例配制，捏成团）放在框梁上饲喂。群内缺糖时，应在夜间用糖浆奖饲，确保哺育蜂的营养供给。

定地和小转地蜂场，在产浆群贮蜜充足的情况下，做到糖浆"两头喂"，即浆框插下去当晚喂一次，以提高王台接受率；取浆的前一晚喂一次，以提高蜂王浆产量。大转地产浆蜂场要注意蜜不能摇得太空，转场时群内蜜要留足，以防到下一个场地时下雨或者不流蜜，造成蜂群拖子，蜂王浆产量大跌。

（5）控制蜂巢温度和湿度　蜂巢产浆区的适宜温度是35℃左右，相对湿度75％左右。气温高于35℃时，应将蜂箱放在阴凉的地方或在蜂箱上空架凉棚，注意通风。必要时可在箱盖外浇水降温，也可在副盖上放一块湿毛巾。

（6）蜂蜜和蜂王浆分开生产　生产蜂蜜时间宜在移虫后的次日进行，或上午取蜜、下午采浆。

（7）分批生产　备四批台基条，第四批台基条在第一批产浆群下浆框后的第3天上午用来移虫，下午抽出第1批浆框时，立即将第四批移好虫的浆框插入，达到连续产浆。第一批浆框可在当天下午或傍晚取浆，也可在第2天早上取浆，取浆后上午移好虫，下午把第二批浆框抽出时，立即把第一批移好虫的浆框插入第二批产浆群中。如此循环，周而复始。

专业生产蜂王浆的养蜂场，应组织大群数10％以上的交配群，既培育蜂王又可与大群进行子、蜂双向调节，不换王时用交配群中的卵或幼虫脾不断调入大群哺养，快速发展大群群势。

136　如何提高蜂王浆的产量和质量？

（1）选用良种　中华蜜蜂泌浆量少，黄色意蜂泌浆量多。选择蜂王浆高产和10-HDA含量高的种群，培育产浆蜂群的蜂王。或引进王浆高产蜂种，然后进行育王，选育出适合本地区的蜂王浆高产种群。

（2）强群生产　产浆群应常年维持12框蜂以上的群势，巢箱7脾，继箱5脾，长期保持7～8框四方形子脾（巢箱7脾，继箱1脾）。

（3）下午取浆　下午取浆比上午取浆产量约高20%。

（4）选择浆条　根据技术、蜂种和蜜源，选择圆柱形有色（如黑色、蓝色、深绿色等）台基条和适时增加或减少王台数量。一般12框蜂用王台100个左右，强群1框蜂放王台8～10个。外界蜜粉不足，蜂群群势弱，应减少王台数量，防止10-HDA含量下降，王台数量与蜂王浆总产量呈正相关，而与每个王台的蜂王浆量和10-HDA含量呈负相关。

（5）长期、连续取浆　早春提前繁殖，使蜂群及早投入生产。在蜜源丰富的季节抓紧生产，在有辅助蜜源的情况下坚持生产，在蜜源缺乏但天气允许的情况下，视投入产出比，如果有利，喂蜜喂粉不间断生产，喂蜜喂粉要充足。

（6）虫龄适中、虫数充足　利用副群或双王群，建立供虫群，适时培育适龄幼虫。48小时取浆，移48小时龄的幼虫；62小时取浆，移36小时龄的幼虫；72小时取浆，移24小时龄内的幼虫。适时取浆，有助于防止蜂王浆老化或水分过大。

（7）饲料充足　选择蜜粉丰富、优良的蜜源场地放蜂。蜜粉缺乏季节，浆框放幼虫脾和蜜粉脾之间，在放入浆框的当晚和取浆的前一天傍晚奖励饲喂，保持蜂王浆生产群饲料充足。对蜂群进行奖励时禁用添加剂饲料，以免影响蜂王浆的色泽和品质。

（8）加强管理，防暑降温　外界气温较高时浆框可放边二脾的位置，较低时应放中间位置。

（9）蜂群健康，防止污染　生产蜂群须健康无病，整个生产期和生产前1个月不用抗生素等药物杀虫治病。拣虫时要拣净，割破幼虫时，要把该台的蜂王浆移出另存或舍弃。

（10）保证卫生　严格遵守生产操作规程，保证生产场所清洁、空气流通，所有生产用具应用75%的酒精消毒。生产人员身体健康，注意个人卫生，工作时戴口罩、着工作服和戴防蜂帽。取浆时不得将挖浆工具和移虫针插入其他物品中，盛浆容器务必消毒、洗净并晾干。整个生产过程尽可能在室内进行，禁止无关的物品与蜂王浆接触。

137 怎样安排脱粉时间？

一个花期，应从蜂群进粉略有盈余时开始脱粉，而在大流蜜期开始时结束，或改脱粉为抽粉脾。一天当中，山西省大同地区的油菜花期、太行山区的野皂荚蜜源在 7：00～14：00 脱粉；有些蜜源花期可全天脱粉（在湿度大、粉足、流蜜差的情况下）；有些只能在较短时间内脱粉，如玉米和莲花粉，只有在 7：00～10：00 才能生产到较多的花粉。在一个花期内，如果蜜、浆、粉兼收，脱粉应在9：00以前进行，下午生产蜂王浆，两者之间生产蜂蜜。当主要蜜源大泌蜜开始，要取下脱粉器，集中力量生产蜂蜜。

138 怎样选择脱粉工具？

10框以下的蜂群选用两排的脱粉器，10框以上的蜂群选用三排及以上的脱粉器。西方蜜蜂一般选用4.8～4.9毫米孔径的脱粉器，例如，山西省大同地区的油菜花期、内蒙古的向日葵花期、驻马店的芝麻花期和南方的茶花花期、四川的蚕豆和板栗花期。4.6～4.7毫米孔径的适用于中蜂脱粉。

巢门生产蜂花粉，多用不锈钢丝与塑料或木制框架组成的脱粉器；箱底生产蜂花粉，脱粉器多用塑料制成。

139 怎样收集蜂花粉？

先把蜂箱垫成前低后高，取下巢门档，清理、冲洗巢门及其周围的箱壁（板）；然后，把脱粉器紧靠蜂箱前壁巢门放置，堵住蜜蜂通往巢外除脱粉孔以外的所有空隙，并与箱底垂直（图53）。

图53　收集花粉

在脱粉器下安置簸箕形塑料集粉盒（或以覆布代替），脱下的花粉团自动滚落盒内，积累到

一定量时，及时取出。

140 **怎样干燥蜂花粉？**

晾晒在无毒干净的塑料布或竹席上，要均匀摊开花粉，厚度约10毫米为宜，并在蜂花粉上覆盖一层棉纱布。晾晒初期少翻动，如有疙瘩时，2小时后用薄木片轻轻拨开。尽可能一次晾干，干的程度以手握一把花粉听到"唰唰"的响声为宜。若当天晾不干，应装入无毒塑料袋内，第二天继续晾晒或作其他干燥处理。

恒温干燥箱中干燥的方法是：把花粉放在烘箱托盘的衬纸上或托盘内棉纱布上，接通电源，调节烘箱温度至45℃，8小时左右即可收取保存。

对于莲花粉，晾干需3小时左右。

141 **怎样包装和贮存蜂花粉？**

干燥后的蜂花粉用双层无毒塑料袋密封后外套编织袋包装，每袋40千克，密封，在交售前不得反复晾晒和倒腾。莲花粉需在塑料桶、箱中保存，内加塑料袋。此外，工厂或公司可用铝箔复合袋抽气充氮包装。在通风、干燥和阴凉的地方可以暂时贮存，在－5℃以下的库房中可长期保存。

142 **如何管理蜂花粉生产群？**

在粉源丰富的季节，有5脾蜂的蜂群就可以投入生产，单王群8～9框蜂生产蜂花粉较适宜，双王群脱粉产量高而稳产。

（1）组织脱粉蜂群，优化群势　在生产花粉前15天或进入粉源场地后，有计划地从强群中抽出部分带幼蜂的封盖子脾补助弱群，使其在粉源植物开花时达到8～9框的群势，或组成10～12框蜂的双王群，增加生产群数。

（2）蜂王管理　使用良种、新王生产，在生产过程中不换王、不治螨、不介绍王台，这些工作要在脱粉前完成。同时要少检查、少惊动蜂群。

（3）选择巢门方向 春天巢向南，夏秋面向东北方向，巢口不能对着风口，避免阳光直射。

（4）蜂数足、繁殖好，协调发展 在开始生产花粉前45天至花期结束前30天有计划地培育适龄采集蜂，做到蜂群中卵、虫、蛹、蜂的比例正常，幼虫发育良好。

群势平箱8～9框，继箱12框左右，蜂和脾的比例相当或蜂略多于脾。

（5）饲料供应 蜂巢内花粉够吃不节余或保持花粉略多于消耗。无蜜源时先喂好底糖（饲料），有蜜采进但不够当日用时，每天晚上喂，满足第二天糖蜜的消耗量，以促进繁殖和使更多的蜜蜂投入到采粉工作中去，特别是干旱天气更应每晚饲喂。

在生产初期，将蜂群内多余的粉脾抽出妥善保存；在流蜜较好进行蜂蜜生产时，应有计划地分批分次取蜜，给蜂群留足糖饲料，以利蜂群繁殖。

（6）防止热伤，防止偏集 脱粉过程中若发现蜜蜂爬在蜂箱前壁不进巢、怠工，巢门堵塞，应及时揭开覆布、掀起大盖或暂时拿掉脱粉器，以利通风透气，快速降温，查明原因及时解决。气温在34℃以上时应停止脱粉。

若全场蜂群同时脱粉，同一排蜂箱应同时安装或取下脱粉器，防止蜜蜂钻进他箱。

143 如何提高蜂花粉的产量和质量？

①利用王浆高产种群生产，使用年轻蜂王。

②工具（脱粉器孔圈大小和排数）合适，蜂群繁殖正常。

③连续脱粉，雨后及时脱粉。

④粉源植物丰富、优良。一群蜂应有油菜3～4亩*、玉米5～6亩、向日葵5～6亩、荞麦3～4亩供采集，五味子、杏树、莲藕、茶、芝麻、栾树、葎草、虞美人、党参、西瓜、板栗、野菊花

＊ 亩为非许用计量单位，1亩＝666.7米²。

和野皂荚等蜜源花期，都可以生产蜂花粉。

⑤防污染和毒害。生产蜂花粉的场地要求植被良好，空气清新，无飞沙与扬尘；周边环境卫生，无苍蝇等飞虫；远离化工厂、粉尘厂；避开有毒有害蜜源。

⑥生产蜂群健康，不用病群生产。生产前冲刷箱壁，脱粉中不治螨，不使用升华硫。若粉源植物施药或遇刮风天气，应停止生产。晾晒花粉需罩纱网或覆盖纱布，防止飞虫光顾。

⑦防混杂和破碎。集粉盒面积要大，当盒内积有一定量的花粉时要及时倒出晾干，以免压成饼状。

在采杂粉多的时间段内和采杂粉多的蜂群，所生产的花粉要与纯度高的花粉分批收集，分开晾晒，互不混合。

144 如何解决蜂蜜、花粉生产的矛盾？

生产花粉会影响采蜜，在有蜜有粉的蜜源场地，根据蜂群需要蜜蜂会做出采蜜和采粉的抉择，养蜂员要权衡利弊决定蜂蜜或花粉的生产；同时，大泌蜜期生产花粉会阻碍蜜蜂进出蜂巢，引起闷蜂反应。因此，同一时期花粉、花蜜都丰富时，泌蜜前期生产花粉，泌蜜期提取花粉脾或生产蜂粮，或在10：00以前生产花粉，10：00以后让蜂采蜜。粉多蜜少以生产花粉为主，反之亦然。如青海油菜花花期以生产花粉和王浆为主，河南荆条花期前生产野皂荚花粉。

145 如何生产蜂胶？

（1）放置采胶工具　用尼龙纱网取胶时，在框梁上放3毫米厚的竹木条，把40目左右的尼龙纱网折叠双层或三层放在上面，再盖上盖布。检查蜂群时，打开箱盖，揭下覆布，然后盖上，再连同尼龙纱网一起揭掉，蜂群检查完毕再盖上（图54、图55）。或直接将双层尼龙纱网覆盖在副盖位置，可提高产量。

用竹丝副盖式集胶器或塑料副盖式集胶器取胶时，将其代替副盖使用即可，上盖覆布。在炎热天气，把覆布两头折叠5～10厘

图 54 放置塑料纱网　　　图 55 塑料纱网积累蜂胶

米，以利通气和积累蜂胶。转地时取下覆布，落场时盖上，并经常从箱口、框耳等积胶多的地方刮取蜂胶粘在集胶栅上。不能颠倒使用副盖式集胶器。

（2）采收蜂胶　利用集胶器生产蜂胶，待蜂胶积累到一定数量时（一般历时 30 天）即可采收。从蜂箱中取出尼龙纱网或副盖式集胶器，放冰箱冷冻后，用木棒敲击、挤压或折叠揉搓，使蜂胶与器物脱离。

取副盖式集胶器上的蜂胶，还可使用不锈钢或竹质取胶叉顺竹丝剔刮，取胶速度快，蜂胶可自然分离。

146 如何管理蜂胶生产群？

蜂胶生产要求外界最低气温在 15℃ 以上，蜂场周围 2.5 千米范围内有充足的胶源植物；蜂群强壮（8 脾以上足蜂）、健康无病、饲料充足。在河南省，7～9 月为蜂胶主要生产期。

147 怎样包装和贮存蜂胶？

将采收的蜂胶及时装入无毒塑料袋中，1 千克为一个包装，于阴凉、干燥、避光和通风处密封保存，并及早交售。一个蜜源花期的蜂胶存放在一起，勿混杂。袋上应标明胶源植物、时间、地点和采集人。一般当年的蜂胶质量较好，1年后蜂胶颜色加深、品质下降。

148 如何提高蜂胶的产量和质量？

在胶源植物优质丰富或蜜源、胶源都丰富的地方放蜂，利用副盖式集胶器和尼龙纱网连续积累。在生产前要清洗消毒工具，刮除箱内的蜂胶；生产期间，不得用水剂、粉剂和升华硫等药物对蜂群进行杀虫灭菌；缩短生产周期，生产出的蜂胶及时清除蜡瘤、木屑、棉纱纤维、死蜂肢体等杂质，不与金属接触。不同时间、不同方法生产的蜂胶分别包装存放，包装袋要无毒并扎紧密封，标明生产起始日期、地点、胶源植物、蜂种、重量和生产方法等。严禁对蜂胶加热过滤和掺杂使假。

149 如何采集蜂毒？

（1）安置取毒器 取下巢门板，将取毒器从巢门口插入箱内30厘米或安放在副盖（应先揭去副盖、覆布等物）的位置上（图56）。

图56 巢门取毒
（缪晓青 摄）

（2）刺激蜜蜂排毒　按下遥控器开关，接通电源对电网供电，调节电流大小，给蜜蜂适当的电击强度，并稍震动蜂箱。当蜜蜂停留在电网上受到电流刺激，其螫刺便刺穿塑料布或尼龙纱布排毒于玻璃上，随着螫刺蜜蜂的叫声和刺蜇散发的气味，其他蜜蜂向电网聚集排毒。

（3）停止取毒　每群蜂取毒10分钟，停止对电网供电，待电网上的蜜蜂离散后，把取毒器移至其他蜂群继续取毒。按下取毒复位开关，即可向电网重新供电，如此采集10群蜂，关闭电源，抽出集毒板。

（4）刮集蜂毒　将抽出的集毒板置阴凉的地方风干，用牛角片或不锈钢刀片刮下玻璃板或薄膜上的蜂毒晶体，即得粗蜂毒。

蜂毒气味对人呼吸道有强烈的刺激性，蜂毒还能作用于皮肤，因此，刮毒人员应戴口罩和乳胶手套，以防发生意外。

150 如何管理蜂毒生产群？

（1）取毒蜂群的条件　有较强的群势，青壮年蜂多，蜂巢内食物充足。

（2）安排好取毒时间　电取蜂毒一般在蜜源大流蜜结束时进行，选择温度15℃以上无风或微风的晴天，傍晚或晚上取毒，每群蜜蜂取毒间隔时间15天左右。专门生产蜂毒的蜂场，可3～5天取毒一次。

（3）预防蜂蜇　选择人、畜来往少的蜂场取毒，操作人员应戴好防蜂帽、穿好防蜇服，不抽烟，不使用喷烟器开箱；隔群分批取毒，集毒板断电后，让蜂群安静10分钟再取走取毒器。蜂群取毒后应休息几天，让蜜蜂因电击造成的损伤逐渐恢复。

在春季，每隔3天取毒1次，连续取毒10次，对蜂蜜和蜂王浆的生产有影响；蜜蜂排毒后，抗逆力下降。

151 怎样包装和贮存蜂毒？

取下蜂毒后，使用硅胶将其干燥至恒重，再放入棕色小玻璃瓶中密封保存，或置于无毒塑料袋中密封，外套牛皮纸袋，置于阴凉干燥处贮藏。

152 如何提高蜂毒的产量和质量？

①选用合适的取毒器。②定期连续取毒，可提高产量。③严防污染。取毒前，将工具清洗干净，彻底消毒。工作人员要注意个人卫生和劳动防护，保持生产场地洁净、空气清新。保证蜂群健康无病。选用不锈钢丝作电极的取毒器生产蜂毒，要防止金属污染；傍晚或晚上取毒，不用喷烟的方法防蜂蜇，以防污染蜜水；刮下的蜂毒应及时干燥以防变质。

153 如何榨取蜂蜡？

（1）对所获原料进行分级，并拣拾机械杂质。赘脾、野生蜂巢、蜜房盖和加高的王台壁为一类原料，旧脾为二类原料，其他诸如蜡瘤和病脾等为三类原料。分类后，先提取一类蜡，按序提取，不得混杂。

（2）熔化前将蜂蜡原料用清水浸泡2天，提取时可除掉部分杂质，并使蜂蜡色泽鲜艳。

（3）将蜂蜡原料置于熔蜡锅中（事前向锅中加适量的水），然后供热，使蜡熔化，熔化后保温10分钟左右。

（4）将已熔化的原料蜡连同水一并倒入特制的麻袋或尼龙纱袋中，扎紧袋口，放在榨蜡器中，以杠杆的作用加压，使蜡液从袋中通过缝隙流入盛蜡容器内，稍凉，撇去浮沫。

（5）待蜡液凝固后即成毛蜡，用刀切削，将上部色浅的蜂蜡和下面色暗的物质分开。

（6）将已进行分离、色浅的蜂蜡重新加水熔化，再次过滤和撇去气泡；然后注入光滑而有倾斜度边的模具，待蜡块完全凝固后反扣，卸下蜡板，此时的蜂蜡是毛蜡。

毛蜡进入工厂后，再经过加热、板框加压过滤等工序，加工成颜色一致的白蜡或黄蜡（图57），成方块或颗粒状。

图 57 蜡 板

154 *如何管理蜂蜡生产群?*

饲养强群,多造新脾,淘汰旧脾;大流蜜期加宽蜂路,让蜜蜂加高巢房,做到蜜、蜡兼收。

生产蜂蜡会影响蜂蜜生产的观点是错误的,在主要蜜源开花期,适当造脾可刺激工蜂采蜜;另外,还可减少疾病。

155 *怎样包装和贮存蜂蜡?*

对蜂蜡进行分等分级,以 25 千克或按合同规定的重量为一个包装单位,用麻袋包装。麻袋上应标明时间、等级、净重、产地等,贮存在干燥、卫生、通风好,无农药、化肥、鼠虫的仓库(室内),堆垛码好。

156 *如何提高蜂蜡的产量和质量?*

平时搜集蜂巢中的赘脾和加高的王台房壁等,增加蜂蜡产量;对蜂蜡进行分类分别提取,严禁在榨蜡过程中添加硫酸等异物;蜂蜡再过滤和成形过程中杜绝添加其他物质。

157 *如何获得蜂王幼虫?*

蜂王幼虫是生产蜂王浆的副产品,其采收过程即是取浆工序中的拣虫环节,每生产 1 千克蜂王浆,可收获 0.2~0.3 千克蜂王幼虫，每群意蜂每年生产蜂王幼虫 2～3 千克（图 58）。

图 58　蜂王幼虫

158 *如何生产雄蜂蛹虫？*

（1）用标准巢框横向拉线，再在上梁和下梁之间拉两道竖线，然后，将雄蜂巢础镶嵌进去，或用 3 个小巢框镶装好巢础，组合在标准巢框内，然后将其放入强群中修造，适当奖励饲喂，每个生产群配备 3 张雄蜂巢脾。

（2）在双王群中，将蜂王产卵控制器安放在巢箱内一侧中的幼虫和封盖子脾之间，内置雄蜂脾，次日下午将蜂王放入控制器内，36 小时后抽出雄蜂脾，调到继箱或哺育群中孵化、哺育。两王轮换产雄蜂卵。

（3）在蜂王产卵 36 小时后，将雄蜂脾抽出（若为雄蜂小脾，3 张组拼后镶装在标准巢框内），置于强群继箱中哺育，雄蜂脾两侧分别放工蜂幼虫脾和蜜粉脾。

抽出雄蜂卵脾后，在原位置再加 1 张空雄蜂脾，让蜂王继续产卵。以雄蜂幼虫取食 7 天为一个生产周期，一个供卵群可为 2～3 个生产群提供雄蜂虫脾。

（4）从蜂王产卵算起，在第 10 天和第 20～22 天采收雄蜂虫、蛹为适宜时间。

（5）采收方法是将雄蜂蛹脾从哺育群内提出，脱去蜜蜂，或从恒温恒湿箱中取出（雄蜂子脾全部封盖后放在恒温、恒湿箱中化蛹的），把巢脾平放在"井"字形架子上（有条件的可先把雄蜂脾放在冰箱中冷冻几分钟）；用木棒敲击巢脾上梁和边条，使巢房内的蛹下沉；然后用平整锋利的长刀把巢房盖削去，再把巢脾翻转，使削去房盖的一面朝下（下铺白布或竹筛作接蛹垫）；用木棒或刀把敲击巢脾四周，使巢脾下面的雄蜂蛹震落到垫上，同时上面巢房内的蛹下沉离开房盖；按上法把剩下的一面房盖削去，翻转、敲击，震落蜂蛹（图59）。敲不出的蛹或幼虫用镊子取出。

图59　雄蜂蛹

采收雄蜂幼虫的方法是将雄蜂虫脾从哺育群中抽出，抖落蜜蜂，摇出蜂蜜，削去 1/3 巢房壁后，放进室内，让雄蜂幼虫向外爬出，落在放置好的托盘中。

（6）取蛹后的巢脾用磷化铝熏蒸后重新插入供卵群，让蜂王产卵，继续生产。生产期结束后，对雄蜂巢脾消毒和杀虫后，妥善保存。

每群意蜂每次每脾可获取雄蜂蛹 0.8 千克左右，全年可生产 10 千克左右。生产雄蜂蛹还可兼顾捕杀蜂螨，降低蜂螨的寄生率。

159　如何管理雄蜂蛹虫供卵群？

在供虫群组织 1 周后，把小区内的 2 张工蜂脾提出，重新加入整张的卵虫和新封盖子脾，子脾由副群补充，适当的时候让蜂王产一些受精卵，以弥补群势的下降。处女王群可直接补充幼蜂或补充子脾来维持群势。如果是双王群，用蜂王产卵控制器迫使一侧蜂王产雄蜂卵一段时间后，与另一侧蜂王交替轮流产雄蜂卵。

在非流蜜期，对供卵群需进行奖励饲喂。在低温季节加强保温，高温时期做好遮阳、通风和喂水工作。

160 如何管理雄蜂蛹虫生产群？

哺养群要求健康无病，蜂螨寄生率低，群势在 12 框蜂以上，巢内饲料充足。在非流蜜期，对哺育群需行奖励饲喂。在低温季节加强保温，高温时期做好遮阳、通风和喂水工作。

161 怎样包装和贮存蜜蜂蛹？

雄蜂蛹、虫易受内、外环境的影响而变质。新鲜雄蜂蛹中的酪氨酸酶易被氧化，在短时间内可使蛹体变黑；新鲜雄蜂幼虫和蜂王幼虫短时间内胴体就逐渐变红至暗，失去商品价值。因此，蜜蜂虫、蛹生产出来后，应立即拣去割坏或不合要求的虫体，并用清水漂洗干净后妥善贮存（蜂王幼虫不得冲洗）。雄蜂蛹的保存方法有如下几种。

（1）冷冻法　用 80％食用酒精喷洒消毒雄蜂蛹，然后用不透气的聚乙烯透明塑料袋或塑料盒分装，每袋 0.5 千克或 1 千克，排除袋内空气，密封，并立即放入 −18℃冷柜中冷冻保存。

（2）淡干法　把经过漂洗的雄蜂蛹倒入蒸笼内衬纱布上，用旺火蒸 10 分钟，使蛋白质凝固，然后烘干或晒干；也可以把蒸好的蛹的体表水甩掉，装入聚乙烯透明塑料袋中冷冻保存。

（3）盐渍法　取蛹前将含盐 10％～15％的盐水煮沸备用。将取出的雄蜂蛹经漂洗后倒入锅内，大火烧沸，煮 15 分钟左右，捞出甩掉盐水，摊平晾干。煮后的盐水如重复利用，每次依加水的重量按比例添加食盐。晾干后的盐渍雄蜂蛹用聚乙烯透明塑料袋包装（1 千克/袋）后在 −18℃以下冷冻保存，或者装入纱布袋内挂在通风阴凉处待售。

用盐处理的雄蜂蛹为乳白色，蛹体较硬，盐分难以除去。

162 怎样包装和贮存蜜蜂虫？

（1）低温保存　蜂王和雄蜂幼虫用透明聚乙烯袋或盒包装后，及时存放在 −18℃冷库或冰柜中保存。

（2）冷冻干燥　利用匀浆机把幼虫或蛹粉碎匀浆后过滤，经冷冻干燥后磨成细粉，密封在聚乙烯塑料袋中保存，备用。

163 如何提高蜂蛹和幼虫的产量和质量？

利用双王群进行雄蜂虫、蛹的生产，保证食物充足，连续生产。生产雄蜂蛹，从卵算起，20～22 天为一个生产周期，强群 7～8 天可哺养 1 脾。雄蜂房封盖后调到副群或集中到恒温、恒湿箱中化蛹。恒温、恒湿箱的温度控制在 34～35℃，相对湿度控制在 75%～90%。

所有生产虫、蛹的工具和容器都要清洗消毒，防止污染；保证虫、蛹日龄一致，去除被破坏的和不符合要求的虫、蛹。生产场所要干净，有专门的符合规定的采收车间；工作人员要保持卫生，着工作服、戴防蜂帽和口罩；不用有病群生产；生产的虫、蛹要及时进行保鲜处理和冷冻保存。

164 蜜蜂有哪些种类？

蜜蜂在分类学上属于节肢动物门（Arthropoda）、昆虫纲（Insecta）、膜翅目（Hymenoptera）、蜜蜂科（Apidae）、蜜蜂属（*Apis*）。属下有 9 个种（表 2），根据进化程度和酶谱分析，以西方蜜蜂最为高级，东方蜜蜂次之，黑小蜜蜂等级最低。

表 2　蜜蜂属下的 9 个种

种　名	拉丁名	命名人	命名时间（年）
西方蜜蜂	*Apis mellifera*	Linnaeus	1758
小蜜蜂	*A. florea*	Fabricius	1787
大蜜蜂	*A. dorsata*	Fabricius	1793
东方蜜蜂	*A. cerana*	Fabricius	1793
黑小蜜蜂	*A. andreniformis*	Smith	1858
黑大蜜蜂	*A. laboriosa*	Smith	1871

（续）

种　名	拉丁名	命名人	命名时间（年）
沙巴蜂	A. koschevnikovi	Buttel-Reepeen	1906
绿努蜂	A. nulunsis	Tingek，Koeniger	1998
苏拉威西蜂	A. nigrocincta	Smith	1871

东方蜜蜂和西方蜜蜂是人类饲养的主要蜂种。

165 野生蜜蜂有哪些？

除东方蜜蜂和西方蜜蜂外，其他蜂种都是野生种群。

东方蜜蜂分布于亚洲，主要包括中华蜜蜂、日本蜜蜂、印度蜜蜂等亚种。西方蜜蜂起源于欧洲，分布于全球人类居住区域，主要有意大利蜂、卡尼鄂拉蜂、高加索蜂、欧洲黑蜂等亚种，我国有东北黑蜂、新疆黑蜂和浙江浆蜂等地理品系。

沙巴蜂多数野生，少数用椰筒饲养，工蜂体色略红，分布于加里曼丹岛和斯里兰卡。小蜜蜂、黑小蜜蜂、大蜜蜂和黑大蜜蜂都处于野生状态，是宝贵的蜂种资源，除被人类猎取一定数量的蜂蜜和蜂蜡外，对植物授粉、维持生态平衡具有重要作用。野生蜜蜂的护脾能力强，在蜜源丰富季节性情温驯，蜜源缺少时期性情凶暴。为适应环境和生存有迁移习性，其生存概况见表3。

表3　我国主要野生蜜蜂种群概况

项目	小蜜蜂	黑小蜜蜂	大蜜蜂	黑大蜜蜂
俗名		小草蜂	排蜂	雪山蜜蜂及岩蜂
分布	云南境内北纬26°40′以南，广西南部的龙州、上思	云南西南部	云南南部、金沙江河谷和海南岛、广西南部	喜马拉雅山脉、横断山脉地区和怒江、澜沧江流域，包括我国云南西南部和东南部、西藏南部

(续)

项目	小蜜蜂	黑小蜜蜂	大蜜蜂	黑大蜜蜂
习性	栖息在海拔1 900米以下的草丛或灌木丛中，露天营单一巢脾的蜂巢，总面积225～900厘米²，群势可达万只蜜蜂	生活在海拔1 000米以下的小乔木上，露天营单一巢脾的蜂巢，总面积177～334厘米²	露天筑造单一巢脾的蜂巢，在树上或悬崖下常数群或数十群相邻筑巢，形成群落聚居。巢脾长0.5～1.0米、宽0.3～0.7米	在海拔1 000～3 500米活动，露天筑造单一巢脾的蜂巢，附于悬岩。巢脾长0.8～1.5米、宽0.5～0.95米。常多群在一处筑巢，形成群落。攻击性强
价值	每年每群猎取蜂蜜1千克，可用于授粉	割脾取蜜，每群每次获蜜0.5千克，每年采收2～3次。是热带经济作物的重要传粉昆虫	是砂仁、向日葵、油菜等作物和药材的重要授粉者。每年每群可获取蜂蜜25～40千克和一些蜂蜡	每年秋末冬初，每群黑大蜜蜂可猎取蜂蜜20～40千克和大量蜂蜡；同时，大蜜蜂是多种植物的授粉者

166 中华蜜蜂有何特点？

中华蜜蜂原产地为中国，简称中蜂，以定地饲养为主，有活框饲养的，也有无框饲养的。我国中蜂主要生活在山区，集中在南方，约有350万群。

中蜂体型中等。工蜂体长9.5～13毫米，在热带、亚热带其腹部以黄色为主，温带或高寒山区的品种多为黑色；蜂王体色有黑色和棕色两种；雄蜂体黑色；野生状态下，蜂群栖息在岩洞、树洞等隐蔽场所，复脾穴居。雄蜂巢房封盖像斗笠，中央有一个小孔，暴露出茧衣。蜂王每昼夜产卵900粒左右，群势在1.5万～3.5万只，产卵有规律，饲料消耗少。工蜂采集半径1～2千米，飞行敏捷。工蜂在巢穴口扇风头向外，把风鼓进蜂巢。嗅觉灵敏，早出晚归，每天采集时间比意蜂多1～3小时，比较稳产。个体耐寒力强，能采集冬季蜜源，如南方冬季的野桂花、枇杷等。蜜房封盖为干性。中蜂分蜂性强，多数不易维持大群，常因环境差、缺饲料和被

100

病敌危害而举群迁徙。抗大、小蜂螨及白垩病和美洲幼虫腐臭病，易被蜡螟危害，在春秋易感染囊状幼虫病。不采胶。

小资料：中蜂主要生产蜂蜜、蜂蜡产品，每群每年可采蜜10～50千克，蜂蜡350克，另外授粉效果显著。2011年《中国畜禽遗传资源志·蜜蜂志》中，将中蜂分为北方中蜂、华南中蜂、华中中蜂、云贵高原中蜂、长白山中蜂、滇南中蜂、海南中蜂、阿坝中蜂、西藏中蜂9个地方品种。

167 意大利蜂有何特点？

意大利蜂原产于地中海中部意大利的亚平宁半岛，属黄色蜂种，简称意蜂。意蜂适宜生活在冬季短暂、温和、潮湿而夏季炎热、蜜源植物丰富且流蜜期长的地区。活框饲养，适于追花夺蜜，突击利用南北四季蜜源。我国广泛饲养，约占西方蜜蜂饲养量的80％，全国西方蜜蜂约有650万群。

意蜂工蜂体长12～13毫米，毛色淡黄。蜂王颜色为橘黄至淡棕色。雄蜂腹部背板颜色为金黄色有黑斑，其毛色淡黄。意蜂性情温和，不怕光。蜂王每昼夜产卵1 800粒左右，子脾面积大，雄蜂封盖似馒头状；春季育虫早，夏季群势强。善于采集持续时间长的大蜜源，在蜜源条件差时易出现食物短缺现象。泌蜡力强，造脾快。泌浆能力强，善采集、贮存大量花粉。蜜房封盖为中间型，蜜盖洁白。分蜂性弱，易维持大群。盗力强，卫巢力也强。耐寒性一般，以强群的形式越冬，越冬饲料消耗大。工蜂采集半径2.5千米，在巢穴口扇风头朝内，把蜂巢内的空气抽出来。具采胶性能。在我国意蜂常见的疾病有美洲幼虫腐臭病、欧洲幼虫腐臭病、白垩病、孢子虫病、麻痹病等，抗螨力差。另外，意蜂还适合生产蜂胶、蜂蛹以及蜂毒等。意蜂是农作物区主要的授粉昆虫。

在刺槐、椴、荆条、油菜、荔枝、枣、紫云英等主要蜜源花期，一个生产群日采蜜5千克左右，一个花期采蜜超过50千克，全年生产蜂蜜可达150千克。经过选育的优良品系，一个强群3天（一个产浆周期）生产蜂王浆超过300克，年群产浆量12千克；在

优良的粉源场地，一个管理良好的蜂场，群日收集花粉高达
2 300克。

小资料：《全国养蜂业"十二五"发展规划》要求，"十二五"结
束饲养西（意）蜂数量达到650万群。目前，我国蜂群约有1 000万
群，其中西（意）蜂数量650万群以上，已实现"十二五"规划
要求。

168 生产蜂场如何引种？

一个养蜂场，经过引进种性优良的蜂王进行杂交，可增强蜂群
的生产能力和抗病能力，提高产品质量。

可采用引（买）进蜂群、蜂王、卵、虫等方式。蜜蜂引种多
以引进蜂王为主，诱入蜂群50天后，其子代工蜂基本可取代原
群工蜂，就可以对该蜂种进行考察、鉴定。在观察鉴定期间，应
将引进的蜂种隔离，预防蜂病传播和不良基因扩散，需要的性能
需突出。

养蜂场从种王场购买的父母代蜂王有纯种，也有单交种、三交
种或双交种，可作种用。其繁殖的下一代可直接投入生产，但不宜
再作种用。

169 生产蜂场如何选种？

一个养蜂场，不同蜂群所表现出来的生产、抗病能力等有高有
低，这是选种的基础。通过一定的技术措施，使优良性状不断加强，
即经过对蜂群长期的定向选择，培育出符合要求的良种蜂王。浙江
浆蜂即是定向选育的结果。在我国养蜂生产中，多采取个体选择和
家系内选择的方式，在蜂场中选出种用群生产蜂王。目前，通过蜜
蜂卫生行为测试，选择卫生行为强的蜂群培育蜂王，进行抗螨饲养。

个体间选择方法是在一定数量的蜂群中，将某一性状表现最好
的蜂群保留下来，作为种群培育处女王和种用雄蜂。在子代蜂群中
继续选择，使这一性状不断加强，就可能选育出该性状突出的良
种。个体选择适用于遗传力高的性状选择。将具有某些优良性状的

蜂群作为种群,通过人工育王的方法保留和强化这些性状。采用这种方法,在我国浙江省选育出了目前生产上使用的蜂王浆高产蜂种。

家系内选择方法是从每个家系中选出超过该家系性状表型平均值的蜂群作为种用群,适用于家系间表型相关较大、性状遗传力较低的情况。这种选择方法可以减少近交的机会。

选种育王的蜂场应有 60 群以上的规模,防止过分近亲交配。

170 **怎样选择种用雄蜂群?**

蜜蜂的性状受父本和母本的影响,育王之前选择父群培育雄蜂,遴选母群培育幼虫,挑拣正常的强群(育王群)哺育蜂王幼虫,三者同等重要。种群可以在蜂场中挑选,也可以引进。

种用父群的选择和雄蜂的培育:将繁殖快、分蜂性弱、抗逆力强、盗性小、温驯、采集力强和其他生产性能突出的蜂群,挑选出来培育种用雄蜂。一般需要考察 1 年以上。父群数量一般以购进的种王群或蜂群数量的 10% 为宜,培养处女王数量 80 倍以上的健康适龄雄蜂。种用父群的群势,意蜂不低于 13 框足蜂。另外,父群还要考虑选择卫生行为好、抗螨能力强的蜂群作种群。

171 **怎样选择种用母蜂群?**

通过全年的生产实践,全面考察母群种性和生产性能,侧重于繁殖力强、分蜂性弱、能维持强群以及具有稳定特征和突出的生产性能。作为母群的蜂群应有充足的蜜粉饲料和良好的保暖措施。在移虫前 1 周,将蜂王限制在巢箱中部充满蜂和蜜粉的 3 张巢脾的空间;在移虫前 4 天,用 1 张适合产卵和移虫的黄褐色带蜜粉的巢脾将其中 1 张巢脾置换出来,供蜂王产卵。

172 **怎样选择种用哺育群?**

挑选有 13 框蜂以上的高产、健康强群,各型和各龄蜜蜂比例合理，巢内蜜粉充足。父群和母群均可作为哺育蜂群利用。在移虫前1～2天，先用隔王板将蜂巢隔成两区，一区为供蜂王产卵的繁殖区，另一区为幼王哺养区。将养王框置于哺养区中间，两侧置放小幼虫脾和蜜粉脾。在做此工作的同时，须除去自然王台。

哺育群适当蜂多于脾，在组织后的第7天检查，除去所有自然王台。每天傍晚喂0.5千克的糖浆，喂到王台全部封盖。在低温季节育王应做好保暖工作，高温季节育王需遮阳降温。

173 蜂王杂交怎样配对？

蜂王杂交有单交、双交、三交和回交等。

（1）单交 用一个品种的纯种处女王与另一个品种的纯种雄蜂交配，产生单交王。由单交王生产的雄蜂，是与蜂王同一个品种的纯种，生产的工蜂或子代蜂王是具有双亲基因的第一代杂种。由第一代杂种工蜂和单交王组成单交种蜂群，因蜂王和雄蜂均为纯种，它们不具杂种优势；但工蜂是杂种一代，具有杂种优势。

（2）三交 用一个单交种蜂群培育的处女王与一个不含单交种血缘的纯种雄蜂交配，产生三交王。但其蜂王本身仍是单交种，后代雄蜂与母亲蜂王一样，也为单交种；而工蜂和子代蜂王为含有三个蜂种血统的三交种。三交种蜂群中的蜂王和工蜂均为杂种，均能表现杂种优势，所以三交种后代所表现的总体优势比单交种好。

（3）双交 一个单交种培育的处女王与另一个单交种培育的雄蜂交配称为双交。双交后的蜂王所组成的蜂群，蜂王仍为单交种，含有两个种的基因，生产的雄蜂与蜂王一样也是单交种；工蜂和子代蜂王含有4个蜂种的基因，为双交种。由双交种工蜂组成的蜂群为双交群，能产生较大的杂种优势。

（4）回交 采用单交种的处女王与父代雄蜂杂交，或单交种雄蜂与母代处女王杂交称回交，其子代称回交种。回交育种的目的是

增加杂种中某一亲本的遗传成分，改善后代蜂群性状。

174 蜜蜂杂种有哪些优点？

杂交种群的经济性状主要通过蜂王和工蜂共同表现。在单交种群中，仅工蜂表现杂种优势；三交种和双交种群，其亲本蜂王和子代工蜂均能表现杂种优势。而种性过于混杂会产生杂种性状的分离和退化，多从第二代开始。

选择保留杂种后代，须建立在对杂种蜂群的经济性能考察、鉴定和评价的基础上，包括亲本、组合、形态学指标和生物学指标、生产性能指标等。在杂种的性状基本稳定后，再增加其种群数量，通过良种推广，扩大饲养范围。

175 如何获得抗病的蜂种？

以抗中蜂囊状幼虫病为例，将蜂场中不得或患此病轻微的蜂群，作为种用群培育蜂王和雄蜂，经过代代淘汰、选育，即可培育出抗病蜂种。

抗病蜂种与环境相适应，一旦离开原产地区，其优良性状就可能无法表现。

176 如何安排育王工作？

（1）安排育王时间　一年中第一次大批育王时间应与所在地第一个主要蜜源泌蜜期相吻合。例如，在河南省养蜂（或放蜂），采取油菜花盛期育王，末期更换蜂王，蜂群在刺槐开花时新王产子。而最后一次集中育王应与防治蜂螨和培养越冬蜂相结合，可选在最后一个主要蜜源前期，泌蜜盛期组织交尾蜂群，花期结束新王产卵，防治蜂螨后开始繁殖越冬蜂。其他时间保持蜂场总群数5%的养王（交尾）群，坚持不间断地育王，及时更换劣质蜂王或分蜂。

（2）编排工作程序　在确定了每年的用王时间后，依据蜂王生长发育历期和交配产卵时间，安排育王工作，见表4。

表4 人工育王工作程序

工作程序	时间安排	备 注
确定父群	培育雄蜂前1～3天	
培育雄蜂	复移虫前15～30天	
确定、管理母群	三次移虫前7天	
培育养王幼虫	三次移虫前3.5～4天	
初次移虫	二次移虫前30小时	移其他健康蜂群的1日龄幼虫（数量为200%）
二次移虫	初次移虫后30小时	移其他健康蜂群刚孵化（卵由竖立到躺倒）的小幼虫（数量为200%）
三次移虫	二次移虫12小时后	移种用母群刚孵化（卵由竖立到躺倒）的小幼虫（数量为200%）
组织交尾蜂群	三次移虫后9天	亦可分蜂（数量为200%）
分配王台	三次移虫后10天	
蜂王羽化	三次移虫后12天	
蜂王交配	羽化后8～9天	
新王产卵	交配后2～3天	
提交蜂王	产卵后2～7天	

（3）做好育王记录 人工育王是一项很重要的工作，应将育王过程和采取的措施详细记录存档，见表5，以提高育王质量和备查。

表5 人工育王记录

父系			母系		育王群			移虫					交尾群				完成日期
品种	蜂王编号	育雄日期	品种	蜂王编号	品种	群号	组织日期	移虫方式	日期	时刻	移虫数量	接受数量	封盖日期	组织日期	分配台数	羽化数量	新王数量

177 人工培育蜂王有哪些程序？

（1）**制造蜡质台基** 人工育王使用塑料或蜡质台基。蜡质台基的制作方法：先将蜡棒置于冷水中浸泡半小时，选用蜜盖蜡放入熔蜡罐内（罐中可事先加少量水）加热，待蜂蜡完全熔化后，把熔蜡罐置于约 75℃ 的热水中保温，除去浮沫。然后，将蜡棒甩掉水珠并垂直浸入蜡液 7 毫米处，立即提出；稍停片刻再浸入蜡液中，如此 2～3 次，浸入的深度一次比一次浅。最后把蜡棒插入冷水中，提起，用左手食指、拇指压、旋，将蜡台基卸下备用。

（2）**粘装蜂蜡台基** 取 1 根筷子，端部与右手食指挟持蜂蜡台基，并使蜡台基端部蘸少量蜡液，垂直地粘在台基条上，每条 10 个为宜。

（3）**修补蜂蜡台基** 将粘装好的蜂蜡台基条装进育王框中，再置于哺育群中 3～4 小时，让工蜂修正蜂蜡台基至近似自然台基，即可提出备用。利用塑料台基育王，蜂群需修正 12 个小时左右。

（4）**移虫** 从种用母群中提出 1 日龄内的虫脾，左手握住框耳，轻轻抖动，使蜜蜂跌落箱中，再用蜂刷扫落余蜂于巢门前。虫脾平放在木盒中或隔板上，使光线照到脾面上，再将育王框置其上；转动待移虫的台基条，使其台基口向外上斜，其他台基条的蜡台基口朝里。第一次移虫选择巢房底部王浆充足、有光泽、孵化约 24 小时的工蜂幼虫房，将移虫针的舌端沿巢房壁插入房底，从王浆底部越过幼虫，顺房口提出移虫针，带回幼虫；将移虫针端部送至蜡台基底部，推动推杆，移虫舌将幼虫推向台基的底部，退出移虫针。

小资料：采用三次移虫的方法，移取种用幼虫前 42 小时，需从其他健康蜂群中移 1 日龄幼虫，并放到养王群中哺育；第二天下午取出，用消毒和清洗过的镊子夹出王台中的幼虫，操作时不得损坏王浆状态，随即将其他健康蜂群中刚孵化幼虫移入；第三天早上，取出小幼虫，将种群刚孵化的小幼虫移到王台中原来幼虫的位置。

移虫结束，立即将育王框放进哺育群中。

178 **大群交尾采取哪些管理措施?**

(1) 选择交尾场地　交尾场地需开阔,蜂箱置于地形地物明显处。在蜂箱前壁贴上黄、绿、蓝、紫等颜色,帮助蜜蜂和处女王辨认巢穴。附近的单株小灌木和单株大草等,都能作为交尾箱的自然标记。

(2) 利用原蜂群(生产群)作交尾群　多数与防治蜂螨或生产蜂蜜时的断子措施相结合。需在介绍王台前的1天下午提出原群蜂王,第二天介绍王台,上下继箱各介绍1个王台,处女蜂王分别从下巢门和上巢门(继箱下沿隔王板上的巢门)出入。移虫后第10天或第11天为介绍王台时间。两人配合,从哺育群提出育王框,不抖蜂,必要时用蜂刷扫落框上的蜜蜂。一人用薄刀片紧靠王台条面割下王台,一人将王台镶嵌在蜂巢中间巢脾下角空隙处。在操作过程中,要防止王台冻伤、震动、倒置或侧放。

(3) 检查管理　介绍王台前开箱检查交尾群中有无王台、蜂王,3天后检查处女蜂王羽化情况和质量。处女蜂王羽化后6~10天,在10:00前或17:00后检查处女王交尾情况或丢失与否,羽化后12~13天检查新王产卵情况。若气候、蜜源、雄蜂等条件都正常,应将还未产卵或产卵不正常的蜂王淘汰。气温较低时对交尾群进行保暖处置,高温季节做好通风遮阳工作。傍晚对交尾群奖励饲喂,促进处女蜂王提早交尾。

大群作交尾群,蜂王交配时间会延迟2~3天。

179 **小群交尾采取哪些管理措施?**

(1) 在分区管理中,用闸板把巢箱分隔为较大的繁殖区和较小的、巢门开在侧面的处女王交尾区,并用覆布盖在框梁上,与繁殖区隔绝。在交尾区放1框粉蜜脾和1框老子脾,蜂数2脾,第2天介绍王台。

(2) 用一只标准郎氏巢箱一分为四组织交尾群,在介绍王台前1天的午后进行。将蜂巢用闸板隔成4区,将覆布置于副盖下方使之相互隔开,每区放2张标准巢脾,东西南北方向分别开巢门。从

强群中提取所需要的子、粉、蜜脾和工蜂，以 5 000 只蜜蜂为宜。除去自然王台后分配到各专门的交尾区中，并多分配一些幼蜂，使蜂多于脾。

180 培育优质蜂王有哪些措施？

优质蜂王产卵量大、控制分蜂的能力强，从外观判断，蜂王体大匀称、颜色鲜亮、行动稳健。除遗传因素外，在气候适宜和蜜源丰富的季节，采取种王限产，使用大卵养虫，三次移虫养王，强群限量哺育，保证种王群、哺育群食物优质充足，可培育出优良的蜂王。

小资料：一个中蜂哺育群，每次可哺育 20 个王台；一个意蜂哺育群，每次可哺育 30 个王台。一个生产蜂场，应保持 5% 的育王群，以便随时更换老劣蜂王。

181 如何介绍蜂王？

接到蜂王后，首先打开笼门，将王笼中的工蜂放出；然后关闭笼门，将王笼贮备炼糖的一端朝上；最后把邮寄王笼置于无王群相邻两巢脾框耳中间，3 天后无工蜂围困王笼时，再放出蜂王。也可将蜂王装进竹丝王笼中，用报纸裹上 2～3 层，在笼门一侧用针刺出多个小孔，然后抽出笼门的竹丝，并在王笼上下孔注入几滴蜂蜜，最后将王笼挂在无王群的框耳上，3 天后取出王笼（图 60）。

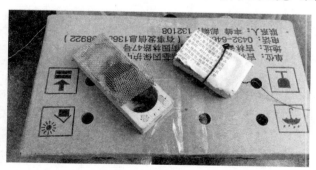

图 60　介绍蜂王

在导入蜂王之前，须检查蜂群，提出原有蜂王，并将王台清除干净。

将贵重蜂王导入蜂群，可在正常蜂群的铁纱副盖上加继箱，从他群抽出正出房的子脾 2 张，清除蜜蜂后放进继箱中央，随即将蜂王放在巢脾上，盖上副盖、箱盖，另开异向巢门供出入，注意保温。

182 如何解救蜂王？

放出蜂王后，如果发现工蜂围王，应将围王蜂团置于温水中，待蜜蜂散开，找出蜂王。如果蜂王没有死亡或受伤，采取更加安全的方法再次导入蜂群。

四、蜂病防治

183 怎样预防蜂病？

蜂病防治重在预防，包括食物、卫生、管理措施等。

（1）保持食物充足　蜜蜂的食物有蜂蜜、蜂粮、蜂乳和水。在无病敌害的情况下，保证蜂群充足优质的饲料，群势在1.5万只蜜蜂以上，蜂脾比大于1∶1或相当，蜂儿营养充足，生长发育良好，工蜂寿命长，抗病能力强，蜂群健康有活力。在食物短缺季节，及时补充白糖糖浆和蛋白质饲料。变质的、受污染的饲料，会使蜜蜂得病。

（2）积极更新巢脾　巢脾是蜂群生命的载体，及时更新巢脾，意蜂两年轮换一遍，中蜂年年更新，是蜂群保持旺盛生命活力的基础。

（3）饲养强群　强群蜂多，繁殖力、生产力和抗病力强。

（4）管好蜂王　交换（移虫培养或购买）蜂王不得带入病虫害，年年更新蜂王，有计划地改良蜂种，防止过度近亲繁殖。

（5）抗病育种　在生产过程中，坚持长期选择抗病力、繁殖力和生产力好的蜂群来培育雄蜂和蜂王。据报道，通过抗病育种，已获得抗囊状幼虫病的中蜂和抗蜂螨的意蜂。

（6）少开箱少检查　检查蜂群需有计划、有目的，无事不开箱、不扰蜂。

（7）重视卫生消毒　遴选环境较好的地方作为放蜂场地，并搞好环境卫生，坚持供给蜜蜂清洁饮水；严格控制蜂群间的蜂、子调换，防止人为传播病害。利用清扫、洗刷和刮除等方法减少病原物在蜂箱、蜂具和蜂场内的存在，通过曝晒或火焰烧烤消灭蜂具上的微生物。化学消毒是使用最广的消毒方法，常用于场地、蜂箱、巢脾等。在生产实践中，人们交换蜂胶，用75％的酒精浸泡后喷洒蜂巢、蜂具，对爬蜂病、白垩病有一定的消杀作用。

给蜂群饲喂含人参、山楂、复合维生素的糖浆可增强蜜蜂体质。

184 蜂场常用消毒剂和方法有哪些？

蜂场常用消毒剂及使用方法见表6。

表6 常用消毒剂及使用浓度和特点

消毒剂	使用浓度	消杀对象及特点
乙醇	70％～75％	花粉、工具。喷雾或擦拭，喷洒后密闭12小时
生石灰	10％～20％	病毒、真菌、细菌及其芽孢。蜂具浸泡消毒。悬浮液需现配，用于刷地面、墙壁；石灰粉撒场地
喷雾灵（2.5％聚维酮碘溶液）	500倍液	杀灭病毒、支原体、真菌、衣原体、细菌及其芽孢。喷雾、冲洗、擦拭、浸泡，作用时间大于10分钟；5 000倍液用于饮水消毒
过氧乙酸	0.05％～0.5％	蜂具消毒，1分钟可杀死细菌芽孢
冰乙酸	80％～98％	蜂螨、孢子虫、阿米巴、蜡螟的幼虫和卵。每箱体用10～20毫升。以布条为载体，挂于每个继箱，密闭24小时；气温≤18℃，熏蒸3～5天
硫黄（燃烧产SO_2）	3～5克/箱	蜂螨、蜡螟、真菌。用于花粉、巢脾的熏蒸消毒

注：除硫黄外，其他均为水溶液。针对疫情使用消毒剂。浸泡和洗涤的物品，用清水冲洗后再用；熏蒸的物品，须置空气中72小时后才可使用。

185 怎样防治蜜蜂幼虫腐臭病？

蜜蜂幼虫腐臭病有美洲幼虫腐臭病和欧洲幼虫腐臭病两种，均为细菌病害。前者由幼虫芽孢杆菌引起，多感染意蜂；烂虫有腥臭味，有黏性、可拉出长丝；死蛹吻前伸，如舌状；封盖子色暗，房盖下陷或有穿孔。后者由蜂房球菌引起，该病多感染中华蜜蜂；"花子"症状，小幼虫移位、扭曲或腐烂于巢房底，体色由珍珠白变为淡黄色、黄色、浅褐色，直至黑褐色；当工蜂不及时清理时，幼虫腐烂，并有酸臭味，稍具黏性，但拉不成丝，易清除。

预防措施有抗病育种、更换蜂王；焚烧患病蜂群，彻底消毒；选择蜜源丰富的地方放蜂，保持蜂多于脾。

治疗方法一，每10框蜂用红霉素0.05克，加250毫升50%的糖水喂蜂；或加250毫升25%的糖水喷脾，每2天喷1次，5~7次为一个疗程。

治疗方法二，用盐酸土霉素可溶性粉200毫克（按有效成分计），加1:1的糖水250毫升喂蜂，每4~5天喂1次，连喂3次，采蜜之前6周停止给药。

上述药物要随配随用，防止失效。研碎后加入花粉中，做成饼喂蜂也有效。

小资料：美洲幼虫腐臭病使用青霉素，每10框蜂每次用药80万单位；欧洲幼虫腐臭病使用链霉素，每10框蜂每次用药80万单位；两种病同时发生，使用青霉素和链霉素，每10框蜂各用药80万单位。上述药物加入20%的糖水中喷脾，隔3天喷1次，连治2次。青霉素和链霉素合用能治疗大多数细菌病。

186 怎样防治囊状幼虫病？

囊状幼虫病是一种常见的蜜蜂幼虫病毒病，由蜜蜂囊状幼虫病毒（近年来中蜂囊状幼虫病发生频繁，损失惨重，怀疑有该病毒变种）引起，中蜂、意蜂都有发生，对中蜂可造成毁灭性危害。蜂群发病初期，子脾呈"花子"症状；当病害严重时，患病的大幼虫或前蛹期死亡，巢房被咬开，幼虫呈"尖头"状，头部有大量的透明液体聚积，用镊子小心夹住幼虫头部将其提出，则呈囊袋状。死虫逐渐由乳白色变为褐色，当虫体水分蒸发时，会干成一黑褐色的鳞片，头尾部略上翘，形如"龙船状"；死虫体不具黏性，无臭味，易清除（图61）。

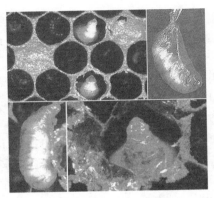

图61　囊状幼虫病症状
（引自　黄智勇）

预防措施为抗病育种。选抗病群（如无病群）作父、母群，经连续选育，可获得抗囊状幼虫病的蜂群。早养王、早换王。日常管理中，保持饲料充足、蜂多于脾；更换巢脾，将蜂群置于环境干燥、通风、向阳和僻静处饲养，少惊扰，可减少蜂群得病。

治疗方法，半枝莲榨汁，配成浓糖浆后，灌脾饲喂。饲喂量以当天吃完为度，连续多次，用量一群蜂同一个人的用量。同时糖浆中可添加蜂王浆、复合维生素等，增加营养。

中蜂成年蜜蜂被病毒感染后，寿命缩短。

187　怎样防治蜜蜂幼虫白垩病？

白垩病是为害西方蜜蜂的一种真菌幼虫病，广泛分布于各养蜂地区。病原是大孢球囊霉和蜜蜂球囊霉。在箱底或巢脾上见到长有白色菌丝或黑白两色的幼虫尸体，箱外观察可见巢门前堆积像石灰子样的或白或黑的虫尸，即可确诊（图62）。雄蜂幼虫比工蜂幼虫更易受到感染。

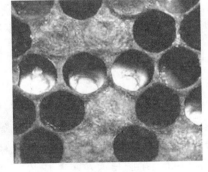

图62　白垩病
（引自　黄智勇）

预防措施为春季在向阳温暖和干燥的地方摆放蜂群，保持蜂箱内干燥透气。不饲喂带菌的花粉，外来花粉应消毒后再用。第一茬子保证繁殖脾饲料足，1 只蜂养 1 条幼虫。焚烧病脾，防止传播。

治疗方法一，每 10 框蜂用制霉菌素 200 毫克，加入 250 毫升 50％的糖水中饲喂，每 3 天喂 1 次，连喂 5 次；或用制霉菌素（1 片/10 框）碾粉掺入花粉饲喂病群，连续 7 天。

治疗方法二，用喷雾灵（25％聚维酮碘）稀释 500 倍，喷洒病脾和蜂巢，每 2 天喷 1 次，连喷 3 次。空脾用该溶液浸泡 0.5 小时。

有些人使用食盐、生石灰防治该病也有效。

在有些时候，将蜂场转移，把蜂群安置在干燥、通风的地方，白垩病会不治而愈。

188 怎样防治蜜蜂急性麻痹病？

蜜蜂急性麻痹病多发生在春秋两季，是西方蜜蜂成年蜂病毒病，病原为蜜蜂急性麻痹病病毒，蜂螨是麻痹病病毒携带者之一。蜂死前颤抖，并伴有腹部膨大症状。

预防措施：防治蜂螨，减少传播。选育抗病品种，及时更换蜂王。加强饲养管理，春季选择向阳高燥的地方、夏季选择半阴凉通风场所放置蜂群，及时清除病蜂、死蜂。

治疗方法一，每群用升华硫 4～5 克，撒在蜂路、巢框上梁、箱底，每周 1～2 次，用来驱杀病蜂。

治疗方法二，用 4％酞丁胺粉 12 克，加 50％糖水 1 升，每 10 框蜂每次 250 毫升，洒向巢脾喂蜂，2 天 1 次，连喂 5 次，采蜜期停用。

189 怎样防治蜜蜂慢性麻痹病？

蜜蜂慢性麻痹病也多发生在春秋两季，是西方蜜蜂成年蜂病毒病，病原为蜜蜂慢性麻痹病病毒，蜂螨是麻痹病病毒携带者之一。患病蜜蜂，一种为大肚型，病蜂双翅颤抖，腹部因蜜囊充满液体而肿胀，翅展开，不能飞翔，在蜂箱周围或草上爬行，有时许多病蜂在箱内或箱外聚集；一种为黑蜂型，病蜂体表绒毛脱落，腹部末节油黑发亮，个体略小于健康蜂，颤抖，不能飞翔，常被健康蜜蜂攻击和驱逐。

预防和防治方法同"188. 怎样防治蜜蜂急性麻痹病？"。

190 成年蜂病怎样影响蜜蜂幼虫病？

有些幼虫死亡，是由成年蜜蜂不照顾所致，即成年蜜蜂患病却表现在幼虫上。因此，查清幼虫死亡原因，如果是成年蜜蜂患病造成，首先要治疗成年蜜蜂病，再治疗幼虫病。

中蜂蜜蜂离脾由热症引进，建议用伤风感冒胶囊加银翘片喂蜂治疗；双甲脒乳油和杀螨剂一号各 2 滴，混合加水 300 毫升向蜂箱空隙处喷雾防治亦有部分效果。打开蜂箱，如果蜂慌不稳，急速爬行聚集就是疼症。治疗用增效联磺 1.5 片＋小苏打 3 片＋元胡 2 片，喂一群蜂。

191 怎样防治大蜂螨？

大蜂螨是西方蜜蜂的主要寄生性敌害，呈棕红色、横椭圆形，芝麻粒大小。它的一生经过卵、若螨和成螨三个阶段，在 8～9 月为害最严重。大蜂螨成螨寄生在成年蜜蜂体上，靠吸食蜜蜂的血淋巴生活；卵和若螨寄生在蜂儿房中，以蜜蜂虫和蛹的体液为营养生长发育。被寄生的成年蜂烦躁不安，体质衰弱，寿命缩短；幼虫受害后，有些在蛹期死亡，而羽化出房的蜜蜂畸形、翅残，失去飞翔能力，四处乱爬（图 63）。受害蜂群，繁殖和生产能力下降，群势迅速衰弱，直至全群灭亡。

预防措施有选育抗螨蜂种，及时更新蜂王；积极造脾，更新蜂巢；生产雄蜂蛹，诱杀大蜂螨。

治疗方法有断子期治疗和繁殖期治疗两种。

（1）断子期药物治螨　切断蜂螨在巢房寄生的生活阶段，用药喷洒巢脾。时间选择早春无子前、秋末断子后，或结合育王断子和秋繁断子进行。常用的药剂有杀螨剂 1 号、绝螨精等水剂，按说明

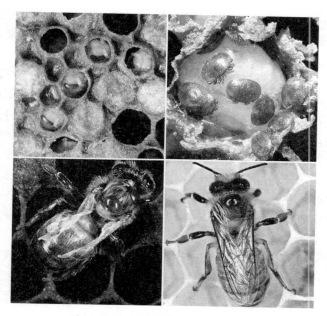

图 63　蜂螨的危害与诊断
（引自　黄智勇）

加溶剂稀释，置于手动喷雾器中喷雾防治。施药 2～3 遍。

　　①手动喷雾器喷洒。将巢脾提出置于继箱后，先对巢箱底进行喷雾，使蜂体上布满水滴；再取一张报纸，铺垫在箱底上，左手提出巢脾（抓中间），右手持手动喷雾器，距脾面 25 厘米左右，斜向蜜蜂喷射 3 下；喷过一面，再喷另一面，然后放入蜂巢，再喷下一脾；最后，盖上副盖、覆布、大盖。第二天早晨打开蜂箱，取出报纸，检查治螨效果，集中焚毁。

　　②两罐喷雾器喷洒。使用"两罐雾化器"，药物为杀螨剂，载体为煤油，比例为 1∶6。先按比例配好药液，装进药液罐。在燃烧罐中加入适量酒精，点燃，使螺旋加热管温度升高。然后，手持雾化器，将喷头通过巢门或钉孔插入箱中，对着箱内空处，下压动力系统的手柄 2～3 下，密闭 10 分钟即可。

　　喷雾治疗，先期治疗 2 群，落螨死亡（如死螨落在箱底、报纸上），即可正常施药；如果药物只能击倒蜂螨，而不能致死蜂螨，则须更换药物（如某些甲酸类杀螨剂）。每次用药后按时收集落螨并焚毁。

（2）繁殖期药物治螨 蜂群繁殖期，卵、虫、蛹、成蜂四虫态俱全，即有寄生在成年蜜蜂体上的成年蜂螨，也有寄生在巢房内的螨卵、若螨和成螨，应设法造成巢房内的螨与蜂体上的螨分离，分别防治；或者选择既能杀死巢房内的螨又能杀死蜂体上螨的药物，采用特殊的施药方法进行防治。常用药剂有螨扑（如氟胺氰菊酯条、氟氯苯氰菊酯条）等。使用前，需要做药效试验。

①挂螨扑片。每群蜂用药2片，弱群1片。先将药物1片固定在第二个蜂路巢脾框梁上，1周后再加1片，对角悬挂。使用的螨扑一定要有效。

②分巢轮治（蜂群轮流治螨）。将蜂群的蛹脾和幼虫脾带蜂提出，组成新蜂群，导入王台；蜂王和卵脾留在原箱，待蜂安定后，用杀螨水剂或油剂喷雾治疗。新分群先治1次，待群内无子后再治2次。

有些螨扑对幼蜂毒害大，注意避免爬蜂问题。每年要定期按时防治大蜂螨。

192 怎样防治小蜂螨？

小蜂螨也是西方蜜蜂的主要寄生性敌害，呈棕红色、椭圆形，约为大蜂螨1/2大小（图64）。它的一生也经过卵、若螨和成螨三个阶段。小蜂螨主要生活在大幼虫房和蛹房中，很少在蜂体上寄生，在蜂体上能存活15天左右。小蜂螨在巢脾上爬行迅速。在河南省，小蜂螨5～9月都能为害蜂群，8月底、9月初为害最严重，生产上，6月就需要对小蜂螨进行防治。小蜂螨靠吸食幼虫和蛹的血淋巴生活，造成幼虫和蛹大批死亡和腐烂，封盖子房有时还会出现小孔。

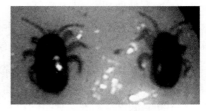

图64 成年小蜂螨

个别出房的幼蜂，翅残缺不全、体弱无力。

防治方法一，将杀螨剂和升华硫混合（升华硫 500 克＋10 毫升杀螨剂＋500 克滑石粉，可治疗 600～800 框蜂），用纱布包裹，抖落封盖子脾上的蜜蜂，使脾面斜向下，然后涂药于封盖子的表面。

防治方法二，升华硫 500 克＋10 毫升杀螨剂＋4.5 千克水，充分搅拌，然后澄清，再搅匀。提出巢脾，抖落蜜蜂，用羊毛刷浸入上述药液，刷抹脾面。脾面斜向下，先刷向下的一面，避免药液漏入巢房内，刷完一面，反转后再刷另一面。

不向幼虫脾涂药，并防止药粉掉入幼虫房中。涂抹尽可能均匀、薄少，防止爬蜂等药害。

193 怎样防治大蜡螟和小蜡螟？

（1）大蜡螟为蛀食性昆虫，一生经过卵、幼虫、蛹和成虫四个阶段，体大，在 5～9 月为害最严重。大蜡螟一年发生 2～3 代，它们白天隐匿，夜晚活动，于缝隙间产卵。蜡螟以其幼虫（又称巢虫）蛀食巢脾、钻蛀隧道，为害蜜蜂的幼虫和蛹，使成行的蛹的封盖被工蜂啃去，造成"白头蛹"，影响蜂群繁殖，严重者迫使蜂群逃亡。此外，蜡螟还破坏保存的巢脾，并吐丝结茧，在巢房上形成大量丝网，使巢脾失去使用价值（图 65）。

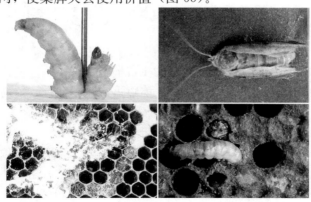

图 65　大蜡螟

预防措施：保证蜂箱严实无缝，不留底窗；摆放蜂箱要前低后高，左右平衡；饲养强群，保持蜂多于脾或蜂、脾相称；筑造新脾，更换老脾。

防治方法是用磷化铝（AlP）熏蒸消灭蜡螟。先把巢脾分类、清理后，每个继箱放 10 张，箱体相叠，用塑料膜袋套封，每 2 箱体框梁上放一粒（用纸盛放），密闭即可。或将磷化铝一次性置于最上面框梁，两箱一粒。磷化铝主要用于熏蒸贮藏室中的巢脾，也用于巢蜜脾上蜡螟等害虫的防除，一次用药即可达到消灭害虫的目的。

磷化钙（散剂）也可用来熏蒸巢虫，用法和效果与磷化铝相似。受害巢脾应作化蜡处理。另外，磷化铝普遍用于防除贮粮害虫，它与空气接触产生的磷化氢比空气重、有剧毒，用时要密封严密，防止人和蜂中毒。

（2）小蜡螟一年发生 3 代，体小，主要蛀食箱底蜡屑、贮藏巢脾，严重时，也爬上巢脾危害蜂群。其他特性和防治方法与大蜡螟类似。

194 怎样防治胡蜂？

胡蜂属于胡蜂科，存在于我国南方各省份和黄河流域，为夏秋季节蜜蜂的主要敌害。为害蜜蜂的主要是金环胡蜂、黑盾胡蜂和基胡蜂。胡蜂是社会性昆虫，群体由蜂王、工蜂和雄蜂组成，杂食。单个蜂王越冬，翌年 3 月繁殖建群，8～9 月为害猖獗。中小体型的胡蜂，常在蜂箱前 1～2 米处盘旋，寻找机会，抓捕进出飞行的蜜蜂；体型大的胡蜂，除了在箱前飞行捕捉蜜蜂外，能伺机扑向巢门直接咬杀蜜蜂。若有胡蜂多只，能攻进蜂巢中捕食，迫使中蜂弃巢逃跑。

防治措施：①人工扑打，用丝状竹片击毙胡蜂。②农药毒杀，15％糖水和砷酸盐混合，调成乳状，置于盘碟，引诱胡蜂取食，将其毒死。③黏结胡蜂纸，类似黏蝇纸，置于箱盖上，黏结扑来的胡蜂（图 66）。④诱杀胡蜂器，利用饮料瓶，在其中间穿插"十"字形木条（棍），四周开 0.5～0.7 厘米圆孔，内盛 1/3 糖水，浓度 30％

左右，或者加入 1/4 的酒、醋混合物，将其挂在蜂场，招引胡蜂进入采食并溺毙，误入的蜜蜂可从四周小孔中逃离。

图 66　胡蜂及其防治

195 怎样预防植物毒害？

（1）防止有害植物毒素中毒　选择没有或较少有毒蜜源的场地放蜂，如秦岭山区白刺花场地，选苦皮藤少的蜜源场地；东北林区松树场地，选葫芦少的蜜源场地。或根据蜜源植物和有毒植物花期及泌蜜特点，采取早退场、晚进场、转移蜂场等办法，避开有毒蜜源的毒害。如在秦岭山区狼牙刺场地放蜂，早退场可有效防止蜜蜂苦皮藤中毒。在华北棉花场地放蜂，喜树花结束后再进场；东北林区的椴树蜜源场地，藜芦生长多的年份，将蜂场临时迁出。这些措施能有效地防止有毒蜜源对蜂群的危害，减少有毒蜂蜜的产生。

①蜜蜂中毒防治。发现蜜蜂蜜、粉中毒后，首先从发病群中取出花蜜或花粉脾，并喂给酸饲料（如在糖水中加食醋、柠檬酸，或用生姜 25 克加水 500 克，煮沸后再加 250 克白糖喂蜂）。若确定花粉中毒，加强脱粉可减轻症状。如中毒严重，或该场地没有太大价值，应权衡利弊，及时转场。

②人中毒的防治。在有毒蜜粉源植物花期不生产有毒蜂蜜和蜂花粉，并在花期过后彻底清巢，防止蜂产品被污染。发现人食用有毒蜂蜜而中毒时，应送医院及时救治；同时取蜂蜜样品送检，迅速查明是哪种有毒物质（有毒蜜源）引起的中毒，以便对症治疗。一般来讲，有毒蜂蜜经过一段时间贮存或经过加热处理，毒性会逐渐降低或消失。

（2）防止过量成分危害　每天可隔天饲喂稀薄糖水，稀释超量成分含量，如油茶、茶树花期。

（3）防止甘露蜜的危害　在天气干旱季节，选择没有松、柏等甘（蜜）露蜜源的地方放蜂；在低温湿冷、主要蜜源突然泌蜜中止时，需喂足饲料，并及时搬离有甘（蜜）露蜜源的地方；在晚秋外界蜜源结束前留足越冬饲料，并及时将蜂群转移到没有松、柏等甘（蜜）露植物的地方。

甘（蜜）露蜜不能留在蜂巢里作蜜蜂饲料用，一旦发现巢脾里有蜜露蜜，必须及时摇出，换成蜂蜜脾供蜜蜂食用。养蜂员必须到现场观察蜜蜂到底是采甘露还是蜜露，采取措施，区别对待。

对秋末已采进的甘露蜜，在不适合取出的情况下，可喂糖浆包埋，保证冬季蜜蜂吃不到甘露蜜。来年春天蜂群繁殖时再做处理。

196 怎样防止环境毒害？

在化工厂、水泥厂、电厂、铝厂、药厂、冶炼厂、砖瓦厂等附近，烟囱排出的气体中含有氧化铝、二氧化硫、氟化物、砷化物、臭氧等有害物质，随着空气（风）漂散并沉积下来，地面排出的污水和城市生活污水泛滥等，都会给蜂群或蜂产品带来危害。一方面直接毒害蜜蜂，引起爬蜂、寿命缩短；另一方面沉积在花上，被蜜蜂采集后影响蜜蜂健康和幼虫生长发育，还对植物的生长和蜂产品质量产生威胁。

环境毒害造成蜂巢内有卵无虫、爬蜂，蜜蜂疲惫不堪、群势下降，用药无效。毒气中毒以工业区及其排烟的顺（下）风向蜂群受害最重。污水造成的"爬蜂病"，以城市周边或城中为甚，雨水多蜂病轻，反之重。荆条花期，水泥厂排出的粉尘是附近蜂群群势下降的原因之一。手机等电磁波形成了磁场天网，影响蜜蜂的导航体系，会使蜜蜂迷失方向。越冬期高音喇叭会影响蜂群结团。

由粉尘和污水造成的毒害，可以根据症状和环境调查进行判定。如果是毒气造成的毒害，蜂群有卵无蜂，成年蜜蜂聚集框梁和副盖下，打开副盖，蜜蜂四散蹦下，向外奔逃。一旦发现蜜蜂因有害气体、粉尘而中毒，首先清除巢内饲料后喂给糖水，然后转移蜂场。如果是污水中毒，应及时在箱内喂水或巢门喂水。在落场时，做好蜜蜂饮水工作。放蜂场地要远离高压线、信号塔。

由环境污染对蜜蜂造成的毒害有时是隐性的，且是不可救药的。因此，选择具有优良环境的场地放蜂，是避免环境毒害的唯一办法，同时也是生产无公害蜂产品的首要措施。

197 除草剂对蜜蜂有哪些影响？

小麦、玉米等农作物喷洒除草剂，蜜蜂采集其上的露水会引起中毒。开箱检查，蜜蜂无力、跌落箱底，或离开蜂巢在地面蹦跳或打滚，然后爬行死亡。还有一些将蜂群置于喷洒过除草剂的地面上或附近，导致蜜蜂繁殖停止和蜂爬现象。

防治措施是及时离开，放蜂场地要远离菜地等可能喷洒除草剂的地方。

小资料：在枣树周边喷洒除草剂，能够影响距离施药点 400 米内的枣花泌蜜和蜜蜂采集。

198 植物激素对蜜蜂有何影响？

植物激素主要有生长素、坐果素等。目前对养蜂生产威胁最大的是赤霉素，即 920，俗称坐果药。农民对枣树花、油菜花喷洒赤霉素，可提高枣花坐果率。蜜蜂采集后，引起幼虫死亡，蜂王停产直至死亡，工蜂寿命缩短，并减少甚至停止采集活动。

解救措施有更换蜂王，离开喷洒此药的蜜源场地。

小资料：近些年来，由于喷洒赤霉素，使河南新郑、内黄、灵宝三大枣区枣花蜜生产基地产量大跌。

 如何处理蜜蜂农药中毒?

农药中毒的主要是外勤蜜蜂,有些在飞回蜂巢途中死亡,有些在回巢后出现中毒症状。中毒蜂群变得凶暴,工蜂在蜂箱前无序乱飞,追蜇人畜,旋转跌落,肢体麻痹,翻滚抽搐、打转、爬行,无力飞翔。进箱蜜蜂无力攀附巢脾而跌落箱底,最后,两翅张开,腹部勾曲,伸吻而死。有些死蜂后足还携带有花粉团。死亡蜜蜂体表油湿(图67)。严重时,短时间内在蜂箱前或蜂箱内可见大量死蜂,全场蜂群都是如此,而且群势越强死亡越多,1～2天内蜂群死亡。拉出中肠,收缩到3～4毫米,环纹消失,没有食物。在繁殖季节,中毒蜂群得不到及时处理,会很快散发出臭味。

图67　2012年河南科技学院内
被毒将死的小蜜蜂

(1)预防措施

①制定相关的法规来保护蜜蜂授粉采集行为,大力宣传蜜蜂授粉知识。

②协调种养关系。养蜂者和种植者密切合作,尽量做到花期不喷药,或在花前预防、花后补治。种植者必须在花期施药的,尽量在清晨或傍晚喷洒,以减少对蜜蜂的直接毒杀作用,使治虫与授粉采集两不误;尽量选用对蜜蜂低毒和残效期短的农药,能用颗粒剂的就不选用粉剂和油乳剂;在不影响药效和不损害农作物的前提下,在农药中添加适量驱避剂,如杂酚油、苯酚、苯甲醛等,以驱避蜜蜂。

③做好隔离工作。在习惯施药的蜜源场地放蜂，蜂场以距离蜜源300米为宜。种植者喷药应该提前2～3天通知2.5千米以内的养蜂者做好防护工作。如果大面积喷洒高毒农药，要及时搬走蜂群。如果蜂群一时无法移动，必须进行遮盖，保持蜂群环境黑暗，供水，注意通风降温，且最长不超过3天；或在蜂巢门口连续洒水，减少出勤蜜蜂。使用遮光保温衣覆盖蜂箱效果良好。

（2）急救措施

①若只是外勤蜂中毒，及时撤离施药地区即可。若有幼虫发生中毒，则须摇出受污染的饲料，清洗受污染的巢脾。

②给中毒的蜂群饲喂1∶1的糖浆或甘草糖浆。对于确知有机磷农药中毒的蜂群，应及时配制0.1%～0.2%解磷定溶液，或用0.05%～0.1%硫酸阿托品喷脾解毒。对有机磷或有机氯农药中毒，也可在20%糖水中加入0.1%食用碱喂蜂解毒。

发生严重中毒的蜂场应尽快包装蜂群，撤离施药区域，清除蜂箱内有毒饲料，将被农药污染的巢脾化蜡或焚毁处理。中毒后的蜂群，采取抽脾、合并、更新饲料、饲喂、换王等措施，尽快恢复群势。

200 如何处理蜜蜂兽药中毒？

兽药中毒主要是在使用杀螨剂防治蜂螨时用药过量或用法不当（如绝螨精二号、甲酸）所致。在施药2小时后，幼蜂便从箱中爬出，在箱前乱爬，直到死亡为止。箱内蜜蜂（包括蜂王）附脾不牢，稍有震荡即从脾上跌落箱底；蜜蜂停止搬运食物（图68）。另外，有些螨扑有时引起蜜蜂在箱中死亡，有些能使幼蜂爬1周以上。用药过量，有些蜂群表现不太明显，但受药物毒害，蜜蜂体色变暗、寿命缩短。在用升华硫抹子脾防治小蜂螨时，若药沫掉进幼虫房内，会引起幼虫中毒死亡。如果牲畜、家禽饲料中添加了依维菌素，其排出的粪便污染水源，蜜蜂采集后会受到毒害。

防治蜂病给蜂施药后注意观察，如有蜜蜂爬出箱外或在傍晚听到蜜蜂在草丛中爬行、哀鸣，即可确诊发生药害。

（1）预防措施　严格按照说明配药，采取安全的用药方法，使用定量喷雾器施药（如两罐雾化器）。施药前先试治几群，先试后用，按最大的防效、最小的用药量防治蜂病。远离鸡场、猪场放蜂。

（2）处置措施　发现药害后及时取出药物，给蜂群通风，勿翻倒蜂群。

图 68　2014 年 10 月蜜蜂甲酸中毒症状

图书在版编目（CIP）数据

高效养蜂 200 问 / 张中印等编著 . — 北京：中国农业出版社，2019.11（2021.1 重印）

（养殖致富攻略·疑难问题精解）

ISBN 978-7-109-25857-0

Ⅰ.①高… Ⅱ.①张… Ⅲ.①蜜蜂饲养—问题解答 Ⅳ.①S894.1-44

中国版本图书馆 CIP 数据核字（2019）第 186451 号

中国农业出版社出版

地址：北京市朝阳区麦子店街 18 号楼

邮编：100125

责任编辑：弓建芳　郭永立　黄向阳

版式设计：王　晨　　责任校对：刘飔雨

印刷：北京中兴印刷有限公司

版次：2019 年 11 月第 1 版

印次：2021 年 1 月北京第 5 次印刷

发行：新华书店北京发行所

开本：880mm×1230mm　1/32

印张：4.5

字数：140 千字

定价：20.00 元
